天津市安装工程预算基价

第十册 自动化控制仪表安装工程

DBD 29-310-2020

天津市住房和城乡建设委员会
天津市建筑市场服务中心 主编

中国计划出版社

目　录

第九章　仪表附件制作、安装

附　录

册 说 明

一、本册基价包括过程检测仪表,过程控制仪表,集中检测装置仪表,集中监视与控制仪表,工业计算机安装与调试,仪表管路敷设,工厂通信、供电,仪表盘、箱、柜及附件安装,仪表附件制作、安装9章,共733条基价子目。

二、本册基价适用于新建、扩建项目中自动化控制装置及仪表的安装调试工程。

三、本册基价以国家和有关工业部门发布现行的产品标准、设计规范、施工及验收规范,技术操作规程,质量评定标准和安全操作规程为依据。

四、本册基价不包括以下工作内容,发生时执行其他册及有关规定:

1.控制电缆敷设、电气配管、支架制作与安装,执行本基价第二册《电气设备安装工程》DBD 29-302-2020预算基价。

2.仪表设备及管路保温、刷油、防腐,执行本基价第十一册《刷油、防腐蚀、绝热工程》DBD 29-311-2020预算基价。

3.管道上安装流量计、调节阀、电磁阀、节流装置、取源部件等及管道上开孔焊接部件,执行本基价第六册《工业管道工程》DBD 29-306-2020预算基价。

五、主要材料损耗率见下表:

主要材料损耗率表

项 目	损 耗 率	项 目	损 耗 率
碳钢管	2%	型钢、钢板	7%
不锈钢管	2%	电缆	2%
紫铜管	3%	补偿导线	4%
铝管	2%	绝缘导线	3.5%
管缆	3%	光缆、同轴电缆	2%
黄铜管	1%	—	—

六、仪表校验材料费包括校验用消耗材料和校验材料的摊销量。

七、按系数分别计取的项目:

1.脚手架措施费:按分部分项工程费中人工费的4%计取,其中人工费占35%。

2.操作高度增加费(已考虑了超高作业因素的子目除外):本册基价的操作高度是按距离楼地面5m考虑的。操作高度距离楼地面超过5m时,操作高度增加费按超过部分的人工费乘以系数0.10计取,全部为人工费。

3.安装与生产同时进行降效增加费按分部分项工程费中人工费的10%计取,全部为人工费。

4.在有害身体健康的环境中施工降效增加费按分部分项工程费中人工费的10%计取,全部为人工费。

第一章　过程检测仪表

说　　明

一、本章适用范围：温度,压力,差压、流量,物位检测,显示仪表安装调试。

二、本章各预算基价子目包括以下工作内容：技术机具准备、领料、搬运、清理、清洗,取源部件的保管、提供、清洗,仪表接头安装,仪表单体调试、安装、校接线、挂位号牌,配合单机试运转、安装调试记录整理。此外还包括如下内容：

1. 盘装仪表的盘修孔。

2. 压力式温度计温包安装、毛细管敷设固定。

3. 钢带液位计变送器、平衡锤、保护罩、浮子、钢带、导向管、保护套管安装、调整、试漏。

4. 贮罐液体称重仪：钟罩安装、称重仪安装、引压管安装试压。

5. 节流装置：检查椭圆度、同心度、孔板流向、正负室位置确定、环室孔板清洗、配合一次安装。管道吹除后环室清洗和孔板安装,一次垫子制作。

6. 重锤探测料位计：执行器、磁力起动器、滑轮及滑轮支架安装、重锤、钢丝绳安装。

7. 浮标液位计钢丝绳、浮标、滑轮和台架安装。

8. 配合在工艺管道上安装流量计和流量计转换、放大、远传、显示部分调试。

9. 在工业管道上插入式安装仪表。

10. 可编程雷达液位计及温压补偿系统安装、检查、接线。

11. 放射性仪表放射源配合安装、放射源保护管安装、安全防护、模拟安装、配合调试。

三、本章各预算基价子目不包括以下工作内容：

1. 支架、支座制作、安装。

2. 设备开孔、焊接法兰或工业管道切断、开孔,法兰焊接、短管焊接。

3. 取源部件安装、节流装置一次安装和一次垫子制作。

4. 流量计校装置的准备、配置。

5. 放射源保管和安装。

四、取源部件配合安装参照本册相应基价,如需自行安装参照本基价第六册《工业管道工程》DBD 29-306-2020相应基价子目。

五、本册基价中与仪表成套的放大器等不能再重复计算工程量。

六、在设备上或管道上插入式安装仪表,其法兰或插座应预留或焊接完好,螺栓配备合格、齐全。

工程量计算规则

一、温度仪表依据其名称、类型、规格按设计图示数量计算。

二、压力仪表依据其名称、类型按设计图示数量计算。

三、流量仪表依据其名称、类型、规格按设计图示数量计算。

四、物位检测仪表依据其名称、类型、规格按设计图示数量计算。

五、显示仪表依据其名称、类型、功能按设计图示数量计算。

一、温 度 仪 表

单位：支

编号		10-1	10-2	10-3	10-4	10-5	10-6	10-7	10-8	10-9	10-10
项 目		膨胀式温度计		压力式温度计控制器控制开关				温度控制器	光电比色辐射感温温度计		热电偶
		工业液体温度计	双金属温度计	毛细管长（m以内）					带轻型辅助装置	带重型辅助装置	普通式
				10	20	40	60				
预算基价	总　　价（元）	**32.20**	**72.31**	**281.69**	**340.11**	**420.47**	**611.39**	**101.17**	**202.18**	**269.46**	**95.66**
	人　工　费（元）	28.35	64.80	252.45	302.40	369.90	537.30	91.80	172.80	233.55	86.40
	材　料　费（元）	1.58	2.33	9.04	13.52	20.98	31.11	2.03	15.56	17.23	2.35
	机　械　费（元）	2.27	5.18	20.20	24.19	29.59	42.98	7.34	13.82	18.68	6.91

	组 成 内 容	单位	单价	数 量								
人工	综合工	工日	135.00	0.21	0.48	1.87	2.24	2.74	3.98	0.68	1.28	1.73	0.64
材料	插座 带丝堵	套	—	(1)	(1)	(1)	(1)	(1)	(1)	—	—	—	(1)
	垫片	个	0.55	1	1	1	1	1	1	—	—	—	1
	位号牌	个	0.99	1	1	1	1	1	1	1	1	1	1
	细白布	m	3.57	—	0.05	0.05	0.10	0.15	0.10	0.05	—	—	—
	精制螺栓 M12×（20～100）	套	1.19	—	—	—	—	—	—	—	4	4	—
	半圆头镀锌螺栓 M（2～5）×（15～50）	套	0.24	—	—	2	2	2	2	—	—	4	—
	镀锌管卡子 D（12～40）×1.5	个	0.63	—	—	1	1	1	1	—	—	—	—
	汽油 60#～70#	kg	6.67	—	—	0.10	0.20	0.25	0.30	—	—	—	—
	尼龙扎带	根	0.49	—	—	6	12	24	40	—	—	—	—
	接地线 5.5～16mm²	m	5.16	—	—	—	—	—	—	—	1	1	—
	电	kW•h	0.73	—	—	—	—	—	—	—	0.5	0.6	—
	棉纱	kg	16.11	—	—	—	—	—	—	—	0.1	0.1	—
	零星材料费	元	—	0.04	0.05	0.37	0.60	1.04	1.60	0.04	1.10	1.16	0.04
	校验材料费	元	—	—	0.56	2.23	2.70	3.33	4.90	0.82	1.57	2.15	0.77
机械	校验机械使用费	元	—	2.27	5.18	20.20	24.19	29.59	42.98	7.34	13.82	18.68	6.91

编　　号				10-11	10-12	10-13	10-14	10-15	10-16	10-17
项　　目				热电偶						
				双支	多点多对式	室内固定式	油罐平均温度计	表面温度计	耐磨式	吹气式
预算基价	总　　价(元)			**105.50**	**326.13**	**89.27**	**214.68**	**54.13**	**125.16**	**226.83**
	人　工　费(元)			94.50	292.95	76.95	194.40	48.60	113.40	206.55
	材　料　费(元)			3.44	9.74	6.16	4.73	1.64	2.69	3.76
	机　械　费(元)			7.56	23.44	6.16	15.55	3.89	9.07	16.52
组　成　内　容		单位	单价	数　　量						
人工	综合工	工日	135.00	0.70	2.17	0.57	1.44	0.36	0.84	1.53
材料	插座 带丝堵	套	—	(1)	(1)	—	—	—	(1)	(1)
	位号牌	个	0.99	2	6	1	1	1	1	1
	垫片	个	0.55	1	1	—	—	—	1	1
	细白布	m	3.57	—	0.10	0.05	0.15	0.05	0.05	0.10
	塑料膨胀螺栓	个	0.29	—	—	2	—	—	—	—
	半圆头镀锌螺栓 M(2~5)×(15~50)	套	0.24	—	—	—	3	—	—	—
	木台 200×80×20	个	2.61	—	—	1	—	—	—	—
	木螺钉 $L=40$	个	0.43	—	—	2	—	—	—	—
	塑料胶带	m	2.02	—	—	—	0.3	—	—	—
	零星材料费	元	—	0.07	0.19	0.26	0.10	0.04	0.05	0.06
	校验材料费	元	—	0.84	2.70	0.68	1.78	0.43	0.92	1.80
机械	校验机械使用费	元	—	7.56	23.44	6.16	15.55	3.89	9.07	16.52

编　号			10-18	10-19	10-20	10-21	10-22
项　目			铠装热电偶				
			插入深度（m以内）				
			2	5	10	20	30
预算基价	总　价（元）		**104.11**	**118.81**	**130.64**	**151.36**	**173.60**
	人　工　费（元）		94.50	108.00	118.80	137.70	157.95
	材　料　费（元）		2.05	2.17	2.34	2.64	3.01
	机　械　费（元）		7.56	8.64	9.50	11.02	12.64
组　成　内　容		单位	单价	数　　量			
人工	综合工	工日	135.00	0.70	0.80	0.88	1.02	1.17
材料	插座 带丝堵	套	—	(1)	(1)	—	—	—
	位号牌	个	0.99	1	1	1	1	1
	细白布	m	3.57	0.05	0.05	0.07	0.10	0.15
	零星材料费	元	—	0.04	0.04	0.04	0.05	0.06
	校验材料费	元	—	0.84	0.96	1.06	1.24	1.42
机械	校验机械使用费	元	—	7.56	8.64	9.50	11.02	12.64

二、压力仪表

编　号			10-23	10-24	10-25	10-26	10-27	10-28	10-29	10-30
项　目			压力计		压力表、真空表		压力记录仪	远传指示压力表		霍尔变送器传感器
			单管	多管	就地	盘装		电远传	气远传	
预算基价	总　　价(元)		**74.03**	**196.71**	**78.84**	**79.56**	**148.15**	**162.67**	**173.89**	**145.06**
	人　工　费(元)		59.40	151.20	70.20	72.90	133.65	147.15	151.20	130.95
	材　料　费(元)		9.88	33.41	3.02	0.83	3.81	3.75	4.04	3.63
	机　械　费(元)		4.75	12.10	5.62	5.83	10.69	11.77	18.65	10.48
组　成　内　容		单位	单价	数　　量						
人工	综合工	工日	135.00	0.44	1.12	0.52	0.54	0.99	1.09	1.12	0.97
材料	取源部件	套	—	(1)	(6)	(1)	(1)	(1)	(1)	(1)	(1)
	仪表接头	套	—	—	—	(1)	(1)	(1)	(1)	(3)	(1)
	精制螺栓 M10×(20~50)	套	0.67	4	6	—	—	—	—	—	—
	半圆头镀锌螺栓 M(2~5)×(15~50)	套	0.24	—	—	2	—	2	2	2	2
	位号牌	个	0.99	1	1	1		1	1	1	1
	棉纱	kg	16.11	0.1	0.1	—	—	—	—	—	—
	医用胶管	m	4.04	1	6	—	—	—	—	—	—
	镀锌管卡子 D(12~40)×1.5	个	0.63	—	—	1		1	1	1	1
	细白布	m	3.57	—	—	0.05	0.05	0.10	0.05	0.05	0.05
	聚四氟乙烯生料带 δ20	m	1.15	—	—	—	—	—	—	0.2	—
	零星材料费	元	—	0.56	2.55	0.13	0.01	0.14	0.13	0.15	0.17
	校验材料费	元	—			0.61	0.64	1.21	1.34	1.38	1.18
机械	电动空气压缩机 0.6m³	台班	38.51	—	—	—	—	—	—	0.17	—
	校验机械使用费	元	—	4.75	12.10	5.62	5.83	10.69	11.77	12.10	10.48

编　号			10-31	10-32	10-33	10-34	10-35
项　目			电接点压力表	膜盒微压计	压力开关、压力控制器	光电编码压力表	隔膜、膜片式压力表
预算基价	总　价(元)		**140.60**	**100.48**	**127.37**	**152.38**	**97.17**
	人　工　费(元)		126.90	85.05	114.75	137.70	85.05
	材　料　费(元)		3.55	5.55	3.44	3.66	5.32
	机　械　费(元)		10.15	9.88	9.18	11.02	6.80
组　成　内　容	单位	单价	数　量				
人工　综合工	工日	135.00	0.94	0.63	0.85	1.02	0.63
材料　取源部件	套	—	(1)	(1)	(1)	(1)	(1)
仪表接头	套	—	(1)	(1)	(1)	(1)	(1)
精制螺栓 M10×(20～50)	套	0.67	—	—	—	—	4
半圆头镀锌螺栓 M(2～5)×(15～50)	套	0.24	2	2	2	2	—
镀锌管卡子 D(12～40)×1.5	个	0.63	1	1	1	1	—
位号牌	个	0.99	1	1	1	1	1
细白布	m	3.57	0.05	0.05	0.05	0.05	0.05
医用输血胶管 D8	m	4.40	—	0.5	—	—	—
垫片	个	0.55	—	—	—	—	1
零星材料费	元	—	0.13	0.32	0.13	0.13	0.17
校验材料费	元	—	1.14	0.75	1.03	1.25	0.75
机械　电动空气压缩机 0.6m³	台班	38.51	—	0.08	—	—	—
校验机械使用费	元	—	10.15	6.80	9.18	11.02	6.80

三、差压、流量仪表

1.差压、流量仪表

单位：台

编　号			10-36	10-37	10-38	10-39	10-40	10-41	10-42	10-43	10-44	10-45
项　　目			金属转子流量计			椭圆齿轮流量计		光电流速测量仪	电磁流量计	智能电磁流量计	涡街流量计	智能涡街流量计
			玻璃式	气远传式	电远传式	就地指示式	电远传式					
预算基价	总　　价(元)		**97.74**	**356.23**	**339.71**	**572.11**	**647.11**	**501.09**	**847.53**	**1182.90**	**889.34**	**1193.76**
	人　工　费(元)		87.75	315.90	309.15	477.90	546.75	450.90	734.40	1042.20	772.20	1051.65
	材　料　费(元)		2.97	6.20	5.83	55.98	56.62	14.12	54.38	57.32	55.36	57.98
	机　械　费(元)		7.02	34.13	24.73	38.23	43.74	36.07	58.75	83.38	61.78	84.13
组　成　内　容	单位	单价	数　　量									
人工 综合工	工日	135.00	0.65	2.34	2.29	3.54	4.05	3.34	5.44	7.72	5.72	7.79
材料 仪表接头	套	—	—	—	(2)	—	—	—	—	—	—	—
垫片	个	0.55	2	2	2	—	—	—	—	—	—	—
位号牌	个	0.99	1	1	1	1	1	1	1	1	1	1
棉纱	kg	16.11	0.05	0.05	0.05	0.20	0.20	—	0.05	0.05	0.10	0.10
聚四氟乙烯生料带 $\delta20$	m	1.15	—	0.24	—	—	—	—	—	—	—	—
石棉橡胶板 $\delta3$	kg	15.68	—	—	—	2.4	2.4	0.1	2.4	2.4	2.4	2.4
接地线 5.5~16mm²	m	5.16	—	—	—	1	1	1	1	1	1	1
汽油 60#~70#	kg	6.67	—	—	—	0.3	0.3	—	0.1	0.1	0.1	0.1
细白布	m	3.57	—	—	—	0.2	0.2	0.1	0.1	0.1	0.1	0.1
绝缘导线 BV1.5	m	1.05	—	—	—	—	—	1	—	—	—	—
零星材料费	元	—	—	0.07	0.10	2.19	2.19	1.03	2.10	2.10	2.11	2.11
校验材料费	元	—	—	2.93	2.86	4.07	4.71	3.96	6.67	9.61	6.83	9.45
机械 电动空气压缩机 0.6m³	台班	38.51	—	0.23	—	—	—	—	—	—	—	—
校验机械使用费	元	—	7.02	25.27	24.73	38.23	43.74	36.07	58.75	83.38	61.78	84.13

编　号			10-46	10-47	10-48	10-49	10-50	10-51	10-52	10-53
项　目			内藏孔板流量计（现场积算型）	温压补偿蒸汽流量计	振荡球流量计	涡轮式流量计（带放大器）	智能涡轮式流量计	冲量式圆盘流量计	毕托管流量计	均速管流量计
预算基价	总　　　价(元)		**544.22**	**751.63**	**1057.61**	**655.79**	**860.20**	**602.95**	**196.45**	**394.33**
	人　工　费(元)		449.55	639.90	958.50	553.50	741.15	506.25	166.05	337.50
	材　料　费(元)		58.71	60.54	22.43	58.01	59.76	56.20	17.12	29.83
	机　械　费(元)		35.96	51.19	76.68	44.28	59.29	40.50	13.28	27.00
组　成　内　容		单位	单价				数　　量			
人工	综合工	工日	135.00	3.33	4.74	7.10	4.10	5.49	3.75	1.23	2.50
材料	插座 带丝堵	套	—	—	—	—	—	—	—	(1)	—
	仪表接头	套	—	—	—	—	—	—	—	(2)	(2)
	石棉橡胶板 δ3	kg	15.68	2.4	2.4	—	2.4	2.4	2.4	0.6	1.1
	接地线 5.5～16mm²	m	5.16	1	1	1	1	1	1	—	—
	位号牌	个	0.99	1	1	1	2	2	2	2	2
	棉纱	kg	16.11	0.30	0.30	0.10	0.20	0.20	0.20	0.20	0.40
	汽油 60#～70#	kg	6.67	0.5	0.5	—	0.4	0.4	0.2	0.2	0.4
	细白布	m	3.57	0.2	0.2	0.5	0.1	0.1	—	0.2	0.2
	绝缘导线 BV1.5	m	1.05	—	—	3	—	—	—	—	—
	零星材料费	元	—	2.25	2.25	1.16	2.21	2.21	2.16	0.46	0.78
	校验材料费	元	—	3.80	5.63	8.57	4.78	6.53	4.71	—	—
机械	校验机械使用费	元	—	35.96	51.19	76.68	44.28	59.29	40.50	13.28	27.00

13

单位：台

编　　号				10-54	10-55	10-56	10-57	10-58	10-59	10-60	10-61	10-62	10-63
项　　目				质量流量计	智能质量流量计	热式质量流量计	电容式流量计	超声波流量计	多路智能流量计	差压接受仪表			流量开关
										就地指示或记录型	电远传型	气远传型	
预算基价	总　　价（元）			**1071.90**	**1147.95**	**769.95**	**732.83**	**857.67**	**919.34**	**339.91**	**419.32**	**477.73**	**104.44**
	人　工　费（元）			932.85	1007.10	696.60	661.50	774.90	835.65	309.15	382.05	411.75	91.80
	材　料　费（元）			64.42	60.28	17.62	18.41	20.78	16.84	6.03	6.71	7.24	5.30
	机　械　费（元）			74.63	80.57	55.73	52.92	61.99	66.85	24.73	30.56	58.74	7.34
组 成 内 容		单位	单价	数　　量									
人工	综合工	工日	135.00	6.91	7.46	5.16	4.90	5.74	6.19	2.29	2.83	3.05	0.68
材料	仪表接头	套	—	—	(2)	—	—	—	—	—	(2)	—	(4)	—
	插座 带丝堵	套	—	—	—	(1)	—	(1)	—	—	—	—	—	—
	石棉橡胶板 δ3	kg	15.68	2.40	2.40	—	0.12	—	—	—	—	—	0.17
	位号牌	个	0.99	2.0	1.0	1.0	1.0	1.0	1.0	1.0	1.0	1.0	1.0
	接地线 5.5～16mm²	m	5.16	1	1	1	1	1	1	—	—	—	—
	细白布	m	3.57	0.2	0.2	0.2	0.2	0.2	0.2	0.2	0.2	0.2	—
	汽油 60#～70#	kg	6.67	0.4	0.2	—	—	—	—	—	—	—	—
	棉纱	kg	16.11	0.35	0.20	—	—	—	0.20	—	—	—	—
	绝缘导线 BV1.5	m	1.05	—	—	1.5	—	—	—	—	—	—	—
	精制螺栓 M10×（20～50）	套	0.67	—	—	—	3	4	—	2	2	2	—
	聚四氟乙烯生料带 δ20	m	1.15	—	—	—	—	—	—	—	—	0.2	—
	零星材料费	元	—	2.30	2.20	1.02	1.62	1.15	0.94	0.13	0.13	0.15	0.82
	校验材料费	元	—	8.33	9.03	8.16	6.03	6.86	9.04	2.86	3.54	3.82	0.82
机械	电动空气压缩机 0.6m³	台班	38.51	—	—	—	—	—	—	—	—	0.67	—
	校验机械使用费	元	—	74.63	80.57	55.73	52.92	61.99	66.85	24.73	30.56	32.94	7.34

2.节 流 装 置

单位：台

编号			10-64	10-65	10-66	10-67	10-68
项目			节流装置				
			DN50	DN100	DN200	DN300	DN400
预算基价	总价(元)		**85.88**	**243.72**	**324.33**	**382.90**	**442.64**
	人工费(元)		83.70	236.25	306.45	357.75	407.70
	材料费(元)		2.18	7.47	17.88	25.15	34.94
组成内容	单位	单价	数量				
人工	综合工	工日	135.00	0.62	1.75	2.27	2.65	3.02

编号	单位	单价	10-64	10-65	10-66	10-67	10-68
项目			节流装置				
			DN50	DN100	DN200	DN300	DN400
预算基价 总价(元)			**85.88**	**243.72**	**324.33**	**382.90**	**442.64**
人工费(元)			83.70	236.25	306.45	357.75	407.70
材料费(元)			2.18	7.47	17.88	25.15	34.94
组成内容	单位	单价	数量				
人工 综合工	工日	135.00	0.62	1.75	2.27	2.65	3.02
材料 位号牌	个	0.99	1	1	1	1	1
棉纱	kg	16.11	0.05	0.10	0.15	0.20	0.25
汽油 60# ～70#	kg	6.67	0.05	0.08	0.12	0.16	0.20
石棉橡胶板 δ3	kg	15.68	—	0.20	0.46	0.66	1.08
石棉橡胶板 中压 δ0.8～6.0	kg	20.02	—	—	0.2	0.3	0.4
零星材料费	元	—	0.05	1.20	2.46	3.52	3.65

编　号			10-69	10-70	10-71	10-72	10-73	10-74
项　目			节流装置				文丘里管 DN600以外	孔板阀
			DN600	DN800	DN1000	DN1000 以外		
预算基价	总　　价（元）		**927.59**	**1356.25**	**1860.87**	**2111.64**	**1973.54**	**544.68**
	人　工　费（元）		546.75	695.25	831.60	938.25	899.10	406.35
	材　料　费（元）		5.94	63.93	71.18	104.22	5.27	13.11
	机　械　费（元）		374.90	597.07	958.09	1069.17	1069.17	125.22
组　成　内　容		单位	单价	数　　量				
人工	综合工	工日	135.00	4.05	5.15	6.16	6.95	6.66	3.01
材料	位号牌	个	0.99	1	1	1	1	1	1
	棉纱	kg	16.11	0.10	0.10	0.10	0.10	0.10	0.10
	汽油 60#～70#	kg	6.67	0.50	0.55	0.60	1.00	0.40	0.40
	石棉编绳 D6～10	kg	19.22	—	3.00	3.36	4.94	—	—
	石棉橡胶板 δ3	kg	15.68	—	—	—	—	—	0.50
机械	汽车式起重机 16t	台班	971.12	0.27	0.43	0.69	0.77	0.77	—
	载货汽车 4t	台班	417.41	0.27	0.43	0.69	0.77	0.77	0.30

四、物位检测仪表

单位：台

编　号		10-75	10-76	10-77	10-78	10-79	10-80	10-81	10-82	10-83	10-84
项　目		直读玻璃管（板）液位计管（板）长度（mm以内）			磁浮子液位标尺测量范围（m以内）		浮标(子)液位计	浮球液位控制器液位开关	音叉物位计	可编程雷达物位计	智能多功能贮液位计
		500	1100	1700	6	20					
预算基价	总　　价(元)	**152.06**	**176.84**	**192.88**	**1143.50**	**1375.91**	**498.12**	**121.41**	**319.89**	**1922.49**	**1260.91**
	人　工　费(元)	129.60	152.55	167.40	1026.00	1237.95	438.75	98.55	274.05	1736.10	1132.65
	材　料　费(元)	12.09	12.09	12.09	35.42	38.92	24.27	14.98	23.92	47.50	37.65
	机　械　费(元)	10.37	12.20	13.39	82.08	99.04	35.10	7.88	21.92	138.89	90.61

	组成内容	单位	单价	数　　量									
人工	综合工	工日	135.00	0.96	1.13	1.24	7.60	9.17	3.25	0.73	2.03	12.86	8.39
材料	管材	m	—	—	—	—	(9)	(17)	—	—	—	—	—
	石棉橡胶板 δ3	kg	15.68	0.6	0.6	0.6	—	—	—	0.4	0.8	0.8	0.8
	位号牌	个	0.99	1	1	1	2	2	1	1	1	1	1
	细白布	m	3.57	0.1	0.1	0.1	0.3	0.3	0.2	0.2	0.2	0.2	0.1
	乙醇	kg	9.69	0.1	0.1	0.1	—	—	—	—	—	—	—
	半圆头镀锌螺栓 M(2～5)×(15～50)	套	0.24	—	—	—	10	16	2	—	—	—	—
	精制螺栓 M10×(20～50)	套	0.67	—	—	—	—	—	—	6	—	—	8
	精制螺栓 M12×(20～100)	套	1.19	—	—	—	6	6	6	—	4	8	—
	接地线 5.5～16mm²	m	5.16	—	—	—	1	1	1	—	—	1	1
	棉纱	kg	16.11	—	—	—	0.2	0.2	0.2	—	—	—	—
	汽油 60#～70#	kg	6.67	—	—	—	0.5	0.5	0.2	0.2	0.2	—	—
	电	kW•h	0.73	—	—	—	—	—	—	—	0.2	—	—
	绝缘导线 BV1.5	m	1.05	—	—	—	—	—	—	—	—	1	1
	零星材料费	元	—	0.37	0.37	0.37	1.48	1.55	1.29	0.77	0.87	1.66	1.60
	校验材料费	元	—	—	—	—	9.63	11.62	3.94	0.88	2.56	15.86	10.59
机械	校验机械使用费	元	—	10.37	12.20	13.39	82.08	99.04	35.10	7.88	21.92	138.89	90.61

17

单位：台

编　号			10-85	10-86	10-87	10-88	10-89	10-90	10-91	10-92	10-93
项　目			钢带液位计		阻旋式物位计料位开关	双色磁翻板液位计标尺长度(m以内)			重锤探测物位计	贮罐液位称重仪	超声波物位计物位开关
			就地指示	远传变送		1	6	16			
预算基价	总　　价(元)		**2304.39**	**2583.44**	**354.18**	**577.86**	**842.27**	**940.05**	**1361.54**	**2332.27**	**787.31**
	人　工　费(元)		2047.95	2303.10	305.10	521.10	727.65	814.05	1233.90	2135.70	699.30
	材　料　费(元)		92.60	96.09	24.67	15.07	56.41	60.88	28.93	25.71	32.07
	机　械　费(元)		163.84	184.25	24.41	41.69	58.21	65.12	98.71	170.86	55.94
组　成　内　容	单位	单价	数　　量								
人工 综合工	工日	135.00	15.17	17.06	2.26	3.86	5.39	6.03	9.14	15.82	5.18
材料 仪表接头	套	—	—	—	—	—	—	—	—	(5)	—
管材	m	—	—	—	—	—	—	—	—	(20.7)	—
石棉橡胶板 $\delta3$	kg	15.68	0.3	0.3	0.6	—	1.6	1.6	—	—	0.8
位号牌	个	0.99	2	2	1	1	1	1	1	1	1
精制螺栓 M10×(20～50)	套	0.67	16	16	6	—	—	—	—	—	—
精制螺栓 M12×(20～100)	套	1.19	20	20	—	—	8	8	—	—	4
精制六角螺栓 M16×(65～80)	套	1.02	16	16	—	—	—	—	—	—	—
电	kW·h	0.73	1.0	1.0	0.3	—	—	—	—	—	—
接地线 5.5～16mm²	m	5.16	1	1	1	1	1	1	1	1	1
汽油 60#～70#	kg	6.67	0.4	0.4	—	—	0.2	0.2	0.2	0.3	—
细白布	m	3.57	0.3	0.3	0.2	—	0.2	0.3	0.3	0.3	0.2
棉纱	kg	16.11	0.2	0.2	—	0.2	0.3	0.5	0.5	0.5	—
绝缘导线 BV1.5	m	1.05	—	1	—	—	—	—	—	—	—
尼龙扎带	根	0.49	—	—	—	—	—	—	—	10	—
零星材料费	元	—	3.43	3.47	1.44	0.98	2.11	2.19	1.16	1.54	1.48
校验材料费	元	—	18.79	21.19	2.72	4.72	6.66	7.47	11.16	1.99	6.42
机械 校验机械使用费	元	—	163.84	184.25	24.41	41.69	58.21	65.12	98.71	170.86	55.94

18

单位：台

编号			10-94	10-95	10-96	10-97	10-98	10-99	10-100	10-101	10-102	10-103
项目			放射性物位计	多功能磁致伸缩液位计	电接触式液位计（电极）10只以内	电接触式液位计（电极）10只以外	光导电子液位计	电容式物位计物位开关	电容式物位计一体化智能式	电阻式物位计信号器	差压开关	吹气装置
预算基价	总价(元)		**3121.81**	**1336.80**	**332.58**	**382.84**	**2616.59**	**465.81**	**642.44**	**275.21**	**136.02**	**150.25**
	人工费(元)		2849.85	1216.35	294.30	337.50	2376.00	402.30	565.65	249.75	121.50	135.00
	材料费(元)		43.97	23.14	14.74	18.34	50.51	31.33	31.54	5.48	4.80	4.45
	机械费(元)		227.99	97.31	23.54	27.00	190.08	32.18	45.25	19.98	9.72	10.80
组成内容	单位	单价	数量									
人工 综合工	工日	135.00	21.11	9.01	2.18	2.50	17.60	2.98	4.19	1.85	0.90	1.00
材料 取源部件	套	—	—	—	—	—	—	(1)	(1)	—	(1)	(1)
仪表接头	套	—	—	—	—	—	—	—	—	—	(2)	(4)
接地线 5.5~16mm²	m	5.16	1	1	1	1	1	1	1	—	—	—
位号牌	个	0.99	3	1	1	1	1	1	1	1	1	—
棉纱	kg	16.11	0.30	0.30	0.10	0.10	0.10	0.10	0.10	0.05	0.05	0.10
细白布	m	3.57	0.20	0.30	0.05	0.10	0.10	0.10	—	—	—	—
警告牌	个	2.27	1	—	—	—	—	—	—	—	—	—
钢纸 δ0.5	kg	4.96	—	—	0.15	0.15	—	—	—	—	—	—
汽油 60#~70#	kg	6.67	—	—	0.2	0.2	0.5	—	—	—	0.1	0.2
乙醇	kg	9.69	—	—	0.1	0.4	—	—	—	—	—	—
石棉橡胶板 δ3	kg	15.68	—	—	—	—	0.8	0.8	0.8	—	—	—
精制螺栓 M10×(20~50)	套	0.67	—	—	—	—	6	8	8	4	—	—
聚四氟乙烯生料带 δ20	m	1.15	—	—	—	—	—	—	—	—	0.84	0.84
电	kW·h	0.73	—	—	—	—	—	—	—	—	—	0.5
零星材料费	元	—	1.28	1.07	1.10	1.22	1.59	1.58	1.58	0.16	0.28	0.17
校验材料费	元	—	26.74	10.02	2.65	3.05	20.90	3.73	4.29	0.84	1.09	—
机械 校验机械使用费	元	—	227.99	97.31	23.54	27.00	190.08	32.18	45.25	19.98	9.72	10.80

19

五、显 示 仪 表

编 号				10-104	10-105	10-106	10-107	10-108	10-109	10-110	10-111	10-112	10-113
项 目				动圈仪表			数字仪表		智能多屏幕数字显示仪	智能多通道多功能多笔记录仪	四通道固定热印头记录仪	电位差计、平衡电桥(指示、记录、报警)	
				指示仪	二位式指示调节	带PID调节	单点数字显示仪	数字显示调节仪				单点	多点
预算基价	总 价(元)			**209.90**	**343.74**	**412.86**	**266.18**	**740.14**	**879.84**	**1170.00**	**638.47**	**473.99**	**567.24**
	人 工 费(元)			190.35	313.20	376.65	243.00	677.70	805.95	1066.50	581.85	433.35	518.40
	材 料 费(元)			4.32	5.48	6.08	3.74	8.22	9.41	18.18	10.07	5.97	7.37
	机 械 费(元)			15.23	25.06	30.13	19.44	54.22	64.48	85.32	46.55	34.67	41.47
组 成 内 容		单位	单价	数 量									
人工	综合工	工日	135.00	1.41	2.32	2.79	1.80	5.02	5.97	7.90	4.31	3.21	3.84
材料	绝缘导线 BV1.5	m	1.05	0.5	0.5	0.5	0.5	0.5	0.5	1.0	1.0	—	—
	乙醇	kg	9.69	0.10	0.10	0.10	—	—	—	0.30	0.20	0.10	0.10
	真丝绸布 0.9m宽	m	19.67	0.05	0.05	0.05	0.05	0.07	0.07	0.20	0.08	0.05	0.08
	零星材料费	元	—	0.10	0.10	0.10	0.06	0.08	0.08	0.33	0.19	0.09	0.11
	校验材料费	元	—	1.74	2.90	3.50	2.17	6.24	7.43	9.96	5.32	3.93	4.72
机械	校验机械使用费	元	—	15.23	25.06	30.13	19.44	54.22	64.48	85.32	46.55	34.67	41.47

単位：台

编 号				10-114	10-115	10-116	10-117	10-118	10-119
项 目				电位差计、平衡电桥（指示、记录、报警）				X-Y函数记录仪	多通道无纸记 录 仪
				带电动PID调节器	带气动调节器	带顺序控制器	带模数转换装置		
预算基价	总 价(元)			**584.34**	**659.61**	**687.92**	**577.54**	**855.96**	**961.85**
	人 工 费(元)			533.25	579.15	625.05	527.85	784.35	881.55
	材 料 费(元)			8.43	7.94	12.87	7.46	8.86	9.78
	机 械 费(元)			42.66	72.52	50.00	42.23	62.75	70.52
组 成 内 容		单位	单价	数 量					
人工	综合工	工日	135.00	3.95	4.29	4.63	3.91	5.81	6.53
材料	仪表接头	套	—	—	(3)	—	—	—	—
	真丝绸布 0.9m宽	m	19.67	0.10	0.08	0.20	0.08	0.08	0.08
	乙醇	kg	9.69	0.15	0.10	0.30	0.10	—	—
	零星材料费	元	—	0.15	0.11	0.30	0.11	0.07	0.07
	校验材料费	元	—	4.86	5.29	5.73	4.81	7.22	8.14
机械	电动空气压缩机 0.6m³	台班	38.51	—	0.68	—	—	—	—
	校验机械使用费	元	—	42.66	46.33	50.00	42.23	62.75	70.52

21

第二章　过程控制仪表

说　　明

一、本章适用范围:

1.电动和气动单元组合仪表:变送单元、显示单元、调节单元、计算单元、转换单元、给定单元和辅助单元仪表的安装调试。

2.组装式综合控制仪表:输入输出组件、信号处理组件、调节组件、辅助组件和盘装仪表。

3.基地式调节仪表:电动调节器、气动调节器、电(气)动调节记录仪。

4.执行仪表:气动、电动、液动执行机构、气动活塞式调节阀、气动薄膜调节阀、电动调节阀、电磁阀、伺服放大器、直接作用调节阀及阀附件。

5.仪表回路模拟试验:检测回路、调节回路。

二、本章各预算基价子目包括以下工作内容:领料、搬运、准备、单体调试、安装、固定、上接头、校接线、配合单机试运转、挂位号牌、安装校验记录。此外还包括如下内容:

1.法兰液位变送器、压力式温度变送器毛细管敷设固定。

2.配合在管道上安装内藏孔板流量变送器、调节阀、电磁阀、自力式阀。

3.安装液动执行机构月牙板、连杆组件、油泵油盘制作安装、油泵电机检查、充油循环试验。

4.调节阀试验器具的准备、阀体强度试验、阀芯泄漏性、膜头气密性、严密度试验、满行程、变差、线性误差、灵敏限试验。

5.仪表回路模拟调试项目中:电气线路检查、绝缘电阻测定、导压管路和气源管路检查、系统静态模拟试验、排错及回路中仪表需要再次调试的工作等。

6.仪表或回路调试中,校验仪器的准备、搬运、气源、电源的准备和接线、接管。

三、本章各预算基价子目不包括以下工作内容:

1.仪表支架、支座、台座制作、安装。

2.工业管道或设备上安装的执行仪表或变送器用法兰焊接或插入式安装仪表的插座焊接。

3.管道上安装调节阀、电磁阀或短管装拆、调节阀研磨。

4.液动执行机构设备解体、清洗、油泵检查、电机干燥、油泵用油量。

四、电动和气动调节阀按成套考虑调试,包括执行机构与阀门。执行机构安装须另外配置风门、挡板或阀门。执行机构或调节阀还应另外配置所需附件,组成不同的控制方式,附件选择按基价所列项目。

所列调节阀的检查接线子目适用于蝶阀、开关阀、O型切断阀、偏心旋转阀、多通电磁阀等在管道上已安装好的控制阀门,其工作内容包括现场调整、接线、接管的接地,不应再计运输和本体安装调试。

五、不在工业管道或设备上的仪表系统用法兰焊接和电磁阀安装包括在自控安装范围内,应参照相应基价子目或本章基价子目计算工程量。

六、回路系统模拟试验子目,除各章节另有说明外,不适用于计算机系统的回路调试和成套装置的系统调试。

七、信号联锁回路参照本册基价第四章"集中监视与控制仪表"相应基价子目。

工程量计算规则

一、变送单元仪表、显示单元仪表、调节单元仪表、计算单元仪表、转换单元仪表、给定单元仪表、辅助单元仪表依据其名称、类型、功能按设计图示数量计算。

二、输入输出组件、信号处理组件、调节组件、分配、切换等其他组件依据其名称、功能按设计图示数量计算。

三、盘装仪表依据其名称、功能按设计图示数量计算。

四、基地式调节仪表依据其名称、类型、功能、安装位置按设计图示数量计算。

五、执行机构依据其名称、类型、功能、规格按设计图示数量计算。

六、调节阀依据其名称、类型、功能按设计图示数量计算。

七、自力式调节阀依据其名称、类型、功能按设计图示数量计算。

八、执行仪表附件依据其名称、类型按设计图示数量计算。

九、仪表回路模拟试验依据其名称、类型、功能点数量或回路复杂程度,按设计图示数量计算。

一、电动单元组合仪表

1.变送单元仪表

单位：台

编　号			10-120	10-121	10-122	10-123	10-124	10-125	10-126	10-127
项　目			压力式温度变送器	温度变送器	温差变送器	一体化温度变送器	压力变送器	差压变送器	单法兰变送器	双法兰变送器
预算基价	总　价(元)		**588.69**	**344.85**	**405.80**	**331.28**	**456.51**	**485.92**	**528.70**	**869.86**
	人工费(元)		531.90	313.20	368.55	302.40	415.80	442.80	457.65	739.80
	材料费(元)		14.24	6.59	7.77	4.69	7.45	7.70	34.44	70.88
	机械费(元)		42.55	25.06	29.48	24.19	33.26	35.42	36.61	59.18
组　成　内　容	单位	单价	数　　量							
人工 综合工	工日	135.00	3.94	2.32	2.73	2.24	3.08	3.28	3.39	5.48
插座 带丝堵	套	—	(1)	—	—	(1)	—	—	—	—
取源部件	套	—	—	—	—	—	(1)	(1)	—	—
仪表接头	套	—	—	—	—	—	(1)	(2)	—	—
垫片	个	0.55	1	—	—	1	—	—	—	1
位号牌	个	0.99	1	1	1	1	1	1	1	1
细白布	m	3.57	0.20	0.08	0.08	0.10	0.08	0.08	0.10	0.25
尼龙扎带	根	0.49	10	—	—	—	—	—	—	5
汽油 60#～70#	kg	6.67	0.25	—	—	—	—	—	—	0.25
U形螺栓 M10	套	2.29	—	1	1	—	1	1	—	—
精制六角带帽螺栓 M14×75	套	1.15	—	—	—	—	—	—	8	16
石棉橡胶板 δ3	kg	15.68	—	—	—	—	—	—	1.2	2.4
零星材料费	元	—	0.47	0.12	0.12	0.06	0.12	0.12	0.93	2.05
校验材料费	元	—	4.95	2.90	4.08	2.73	3.76	4.01	4.15	6.80
机械 校验机械使用费	元	—	42.55	25.06	29.48	24.19	33.26	35.42	36.61	59.18

编　号			10-128	10-129	10-130	10-131	10-132	10-133	10-134	10-135	10-136
项　目			浓度变送器	插入式液位变送器	内藏孔板流量变送器	智能压力变送器	智能差压变送器	浮筒液位变送器		靶式流量变送器	
								外浮筒	内浮筒	DN100	DN300
预算基价	总　　价（元）		**571.93**	**506.06**	**506.57**	**594.76**	**794.76**	**664.56**	**423.34**	**571.93**	**718.50**
	人　工　费（元）		499.50	442.80	427.95	542.70	726.30	576.45	371.25	499.50	596.70
	材　料　费（元）		32.47	27.84	44.38	8.64	10.36	41.99	22.39	32.47	74.06
	机　械　费（元）		39.96	35.42	34.24	43.42	58.10	46.12	29.70	39.96	47.74
组　成　内　容		单位	单价				数　　量				
人工	综合工	工日	135.00	3.70	3.28	3.17	4.02	5.38	4.27	2.75	3.70	4.42
材料	仪表接头	套	—	—	(1)	—	(1)	(2)	—	—	—	—
	取源部件	套	—	—	—	—	(1)	(1)	—	—	—	—
	位号牌	个	0.99	1	1	1	1	1	1	1	1	1
	U形螺栓 M10	套	2.29	—	—	—	1	1	—	—	—	—
	精制六角带帽螺栓 M14×75	套	1.15	6	8	—	—	—	8	4	6	8
	石棉橡胶板 δ3	kg	15.68	1.2	0.8	2.4	—	—	1.6	0.8	1.2	3.6
	细白布	m	3.57	0.08	0.10	0.20	0.08	0.08	0.10	0.10	0.08	0.20
	零星材料费	元	—	0.84	0.74	1.19	0.12	0.12	1.11	0.58	0.84	2.07
	校验材料费	元	—	4.64	4.01	3.85	4.95	6.67	5.24	3.32	4.64	4.64
机械	校验机械使用费	元	—	39.96	35.42	34.24	43.42	58.10	46.12	29.70	39.96	47.74

2. 显 示 单 元

编　号			10-137	10-138	10-139	10-140	10-141	10-142	10-143
项　目			单双针指示仪	单双针记录仪	色带指示仪	单双针报警仪	多点指示记录仪	比例计算器	开方计算器
预算基价	总　价(元)		**307.58**	**326.72**	**295.85**	**354.67**	**514.97**	**306.13**	**407.62**
	人工费(元)		282.15	299.70	271.35	325.35	472.50	280.80	373.95
	材料费(元)		2.86	3.04	2.79	3.29	4.67	2.87	3.75
	机械费(元)		22.57	23.98	21.71	26.03	37.80	22.46	29.92
组 成 内 容	单位	单价	数　量						
人工 综合工	工日	135.00	2.09	2.22	2.01	2.41	3.50	2.08	2.77
材料 细白布	m	3.57	0.05	0.05	0.05	0.05	0.05	0.05	0.05
砂纸	张	0.87	0.1	0.1	0.1	0.1	0.1	0.1	0.1
零星材料费	元	—	0.01	0.01	0.01	0.01	0.01	0.01	0.01
校验材料费	元	—	2.58	2.76	2.51	3.01	4.39	2.59	3.47
机械 校验机械使用费	元	—	22.57	23.98	21.71	26.03	37.80	22.46	29.92

3.调 节 单 元

编 号			10-144	10-145	10-146	10-147	10-148	10-149
项 目			指示调节器	特殊功能调节器	多通道阀位跟踪调节器	SPC/DDC后备调节器	微分器	积分器
预算基价	总 价(元)		**682.77**	**760.71**	**926.55**	**835.71**	**226.67**	**269.33**
	人 工 费(元)		626.40	697.95	850.50	766.80	207.90	247.05
	材 料 费(元)		6.26	6.92	8.01	7.57	2.14	2.52
	机 械 费(元)		50.11	55.84	68.04	61.34	16.63	19.76
组 成 内 容		单位	单价	数 量				
人工	综合工	工日	135.00	4.64	5.17	6.30	5.68	1.54	1.83
材料	细白布	m	3.57	0.10	0.10	0.10	0.10	0.05	0.05
	砂纸	张	0.87	0.1	0.1	0.1	0.1	—	—
	零星材料费	元	—	0.02	0.02	0.02	0.02	0.01	0.01
	校验材料费	元	—	5.80	6.46	7.55	7.11	1.95	2.33
机械	校验机械使用费	元	—	50.11	55.84	68.04	61.34	16.63	19.76

4.计算单元

编 号			10-150	10-151	10-152
项 目			加减器	乘除器	开方器
预算基价	总　价(元)		**224.58**	**261.34**	**248.23**
	人 工 费(元)		205.20	238.95	226.80
	材 料 费(元)		2.96	3.27	3.29
	机 械 费(元)		16.42	19.12	18.14
组 成 内 容		单位	单价	数　量	
人工	综合工	工日	135.00	1.52	1.77	1.68
材料	精制螺栓 M(6～8)×(20～70)	套	0.50	2	2	2
	零星材料费	元	—	0.06	0.06	0.06
	校验材料费	元	—	1.90	2.21	2.23
机械	校验机械使用费	元	—	16.42	19.12	18.14

5.转 换 单 元

编　　号			10-153	10-154	10-155	10-156	10-157	10-158	10-159
项　　目			电流信号转换器	脉冲/电压转换器	频率/电流转换器	阻抗转换器	函数转换器	电/气转换器	气/电转换器
预算基价	总　　价(元)		**198.10**	**203.97**	**140.74**	**198.10**	**198.10**	**286.82**	**286.82**
	人 工 费(元)		180.90	186.30	128.25	180.90	180.90	252.45	252.45
	材 料 费(元)		2.73	2.77	2.23	2.73	2.73	3.39	3.39
	机 械 费(元)		14.47	14.90	10.26	14.47	14.47	30.98	30.98
组 成 内 容		单位	单价	数　　量					
人工	综合工	工日	135.00	1.34	1.38	0.95	1.34	1.34	1.87	1.87
材料	仪表接头	套	—	—	—	—	—	—	(2)	(2)
	精制螺栓 M(6~8)×(20~70)	套	0.50	2	2	2	2	2	2	2
	零星材料费	元	—	0.06	0.06	0.06	0.06	0.06	0.06	0.06
	校验材料费	元	—	1.67	1.71	1.17	1.67	1.67	2.33	2.33
机械	电动空气压缩机 0.6m³	台班	38.51	—	—	—	—	—	0.28	0.28
	校验机械使用费	元	—	14.47	14.90	10.26	14.47	14.47	20.20	20.20

6.给定单元

编 号			10-160	10-161	10-162	10-163	10-164	10-165
项 目			恒流给定器	比值给定器	比率给定器	报警给定器	参数程序给定器	时间程序给定器
预算基价	总 价(元)		**205.45**	**199.58**	**201.05**	**215.76**	**223.10**	**230.46**
	人 工 费(元)		187.65	182.25	183.60	197.10	203.85	210.60
	材 料 费(元)		2.79	2.75	2.76	2.89	2.94	3.01
	机 械 费(元)		15.01	14.58	14.69	15.77	16.31	16.85
组 成 内 容	单位	单价	数 量					
人工 综合工	工日	135.00	1.39	1.35	1.36	1.46	1.51	1.56
材料 精制螺栓 M(6~8)×(20~70)	套	0.50	2	2	2	2	2	2
零星材料费	元	—	0.06	0.06	0.06	0.06	0.06	0.06
校验材料费	元	—	1.73	1.69	1.70	1.83	1.88	1.95
机械 校验机械使用费	元	—	15.01	14.58	14.69	15.77	16.31	16.85

7.辅 助 单 元

编　号			10-166	10-167	10-168	10-169	10-170	10-171	10-172
项　目			D型操作器	安全栅	信号选择器	配电器	隔离器 反向器 升降器	电源箱	比例偏置器
预算基价	总　价(元)		**207.51**	**81.99**	**109.98**	**160.03**	**74.66**	**187.99**	**74.60**
	人 工 费(元)		190.35	74.25	99.90	145.80	67.50	171.45	67.50
	材 料 费(元)		1.93	1.80	2.09	2.57	1.76	2.82	1.70
	机 械 费(元)		15.23	5.94	7.99	11.66	5.40	13.72	5.40
组 成 内 容	单位	单价	数　　量						
人工 综合工	工日	135.00	1.41	0.55	0.74	1.08	0.50	1.27	0.50
材料 细白布	m	3.57	0.05	—	—	0.05	—	0.05	—
真丝绸布 0.9m宽	m	19.67	—	0.05	—	—	—	—	—
精制螺栓 M(6~8)×(20~70)	套	0.50	—	—	2	2	2	2	2
零星材料费	元	—	0.01	0.05	0.06	0.07	0.06	0.07	—
校验材料费	元	—	1.74	0.77	1.03	1.32	0.70	1.57	0.70
机械 校验机械使用费	元	—	15.23	5.94	7.99	11.66	5.40	13.72	5.40

编　号			10-173	10-174	10-175	10-176	10-177	10-178
项　目			信号限幅器	信号阻尼器	信号倒相器	变化率限制器	DDC操作器	Q型操作器
预算基价	总　价(元)		**74.66**	**74.31**	**77.60**	**87.90**	**295.76**	**238.62**
	人工费(元)		67.50	67.50	70.20	79.65	271.35	209.25
	材料费(元)		1.76	1.41	1.78	1.88	2.70	2.23
	机械费(元)		5.40	5.40	5.62	6.37	21.71	27.14
组成内容	单位	单价	数　量					
人工 综合工	工日	135.00	0.50	0.50	0.52	0.59	2.01	1.55
材料 仪表接头	套	—	—	—	—	—	—	(2)
精制螺栓 M(6~8)×(20~70)	套	0.50	2	2	2	2	—	—
细白布	m	3.57	—	—	—	—	0.05	0.08
零星材料费	元	—	0.06	0.06	0.06	0.06	0.01	0.02
校验材料费	元	—	0.70	0.35	0.72	0.82	2.51	1.92
机械 电动空气压缩机 0.6m³	台班	38.51	—	—	—	—	—	0.27
校验机械使用费	元	—	5.40	5.40	5.62	6.37	21.71	16.74

35

二、气动单元组合仪表

1.变送单元

单位：台

编　号			10-179	10-180	10-181	10-182	10-183	10-184
项　目			温度变送器	压力式温度变送器	压力变送器	差压变送器	单法兰液位变送器	双法兰液位变送器
预算基价	总　价(元)		**442.82**	**614.63**	**462.85**	**520.09**	**579.94**	**906.23**
	人工费(元)		391.50	531.90	406.35	454.95	487.35	753.30
	材料费(元)		8.06	16.30	8.20	9.48	37.81	73.41
	机械费(元)		43.26	66.43	48.30	55.66	54.78	79.52
组成内容	单位	单价	数　量					
人工 综合工	工日	135.00	2.90	3.94	3.01	3.37	3.61	5.58
材料 仪表接头	套	—	(2.00)	(2.00)	(3.00)	(4.00)	(2.00)	(2.00)
插座 带丝堵	套	—	—	(1)	—	—	—	—
取源部件	套	—	—	—	(1)	(1)	—	—
聚四氟乙烯生料带 $\delta20$	m	1.15	0.2	0.2	0.2	0.2	0.2	0.2
U形螺栓 M10	套	2.29	1	1	1	1	1	1
精制六角带帽螺栓 M14×75	套	1.15	—	—	—	—	8	16
位号牌	个	0.99	1	1	1	1	1	1
细白布	m	3.57	0.05	0.20	0.05	0.10	0.05	0.05
汽油 60#～70#	kg	6.67	0.10	0.25	0.10	0.20	0.10	0.10
尼龙扎带	根	0.49	—	10	—	—	—	8
石棉橡胶板 $\delta3$	kg	15.68	—	—	—	—	1.2	2.4
零星材料费	元	—	0.16	0.56	0.16	0.18	1.04	2.20
校验材料费	元	—	3.54	4.95	3.68	4.10	4.40	6.90
机械 电动空气压缩机 0.6m³	台班	38.51	0.31	0.62	0.41	0.50	0.41	0.50
校验机械使用费	元	—	31.32	42.55	32.51	36.40	38.99	60.26

36

编　号			10-185	10-186	10-187	10-188	10-189
项　目			靶式流量变送器 （仪表通径）		内藏孔板流量变送器	外浮筒液位变送器	内浮筒液位变送器
			100	300			
预算基价	总　　价(元)		**575.20**	**750.43**	**617.84**	**679.14**	**465.11**
	人　工　费(元)		475.20	618.30	514.35	576.45	398.25
	材　料　费(元)		45.81	66.50	46.17	46.56	24.99
	机　械　费(元)		54.19	65.63	57.32	56.13	41.87
组成内容		单位	单价	数　　量			
人工	综合工	工日	135.00	3.52	4.58	3.81	4.27	2.95
材料	仪表接头	套	—	(2.00)	(2.00)	(2.00)	(2.00)	(2.00)
	聚四氟乙烯生料带 δ20	m	1.15	0.2	0.2	0.2	0.2	0.3
	石棉橡胶板 δ3	kg	15.68	2.4	3.6	2.4	1.6	0.8
	位号牌	个	0.99	1	1	1	1	1
	汽油 60#～70#	kg	6.67	0.10	0.10	0.10	0.20	0.10
	棉纱	kg	16.11	0.05	0.05	0.05	0.10	0.05
	精制螺栓 M10×(20～50)	套	0.67	—	—	—	16	8
	零星材料费	元	—	1.20	1.77	1.20	1.35	0.71
	校验材料费	元	—	4.29	5.59	4.65	5.24	3.57
机械	电动空气压缩机 0.6m³	台班	38.51	0.42	0.42	0.42	0.26	0.26
	校验机械使用费	元	—	38.02	49.46	41.15	46.12	31.86

2.显示单元

编　　号			10-190	10-191	10-192	10-193	10-194
项　　目			计算器	指示记录仪	色带、条形指示仪	信号器	多针指示仪
预算基价	总　　价(元)		**328.70**	**444.61**	**316.94**	**191.33**	**350.39**
	人 工 费(元)		294.30	391.50	283.50	172.80	311.85
	材 料 费(元)		3.16	4.08	3.06	2.01	3.58
	机 械 费(元)		31.24	49.03	30.38	16.52	34.96
组 成 内 容		单位	单价	数　　量				
人工	综合工	工日	135.00	2.18	2.90	2.10	1.28	2.31
材料	仪表接头	套	—	(2)	(2)	(2)	(2)	(4)
	聚四氟乙烯生料带 δ20	m	1.15	0.2	0.2	0.2	0.2	0.4
	细白布	m	3.57	0.05	0.05	0.05	0.05	0.05
	零星材料费	元	—	0.03	0.03	0.03	0.03	0.06
	校验材料费	元	—	2.72	3.64	2.62	1.57	2.88
机械	电动空气压缩机 0.6m³	台班	38.51	0.20	0.46	0.20	0.07	0.26
	校验机械使用费	元	—	23.54	31.32	22.68	13.82	24.95

3.调 节 单 元

编　号			10-195	10-196	10-197	10-198	10-199	10-200	10-201	10-202
项　目			记录、串级调节仪	指示、报警记录调节仪	指示调节仪	记录调节仪	微分器、积分器比例调节器	比例、积分调节仪	比例、积分、微分调节仪	计算机给定调节仪
预算基价	总　价(元)		**793.96**	**844.21**	**771.01**	**807.06**	**321.09**	**564.85**	**586.59**	**904.63**
	人 工 费(元)		693.90	739.80	673.65	706.05	276.75	498.15	517.05	793.80
	材 料 费(元)		8.35	8.65	8.04	8.33	2.94	5.67	5.84	9.59
	机 械 费(元)		91.71	95.76	89.32	92.68	41.40	61.03	63.70	101.24
组 成 内 容	单位	单价	数　　量							
人工	综合工	工日	135.00	5.14	5.48	4.99	5.23	2.05	3.69	3.83	5.88
材料	仪表接头	套	—	(4)	(3)	(3)	(3)	(3)	(3)	(3)	(3)
	聚四氟乙烯生料带 $\delta20$	m	1.15	0.4	0.3	0.3	0.3	0.3	0.3	0.3	0.3
	砂纸	张	0.87	0.5	0.5	0.5	0.5	—	0.5	0.5	1.0
	真丝绸布 0.9m宽	m	19.67	0.05	0.05	0.05	0.05	—	—	—	0.05
	细白布	m	3.57	—	—	—	—	—	0.08	0.08	—
	零星材料费	元	—	0.10	0.09	0.09	0.09	0.04	0.06	0.06	0.10
	校验材料费	元	—	6.37	6.80	6.19	6.48	2.55	4.54	4.71	7.29
机械	电动空气压缩机 0.6m³	台班	38.51	0.94	0.95	0.92	0.94	0.50	0.55	0.58	0.98
	校验机械使用费	元	—	55.51	59.18	53.89	56.48	22.14	39.85	41.36	63.50

4.计算、给定单元

单位：台

编　号			10-203	10-204	10-205	10-206	10-207	10-208
项　目			比值器	乘除器	加减器	电脉冲/气压转换器	定值器	参数时间定值器
预算基价	总　价(元)		**97.86**	**189.77**	**216.36**	**198.44**	**67.66**	**171.90**
	人　工　费(元)		71.55	151.20	175.50	171.45	59.40	136.35
	材　料　费(元)		2.11	2.98	3.33	2.87	0.81	1.53
	机　械　费(元)		24.20	35.59	37.53	24.12	7.45	34.02
组　成　内　容	单位	单价	数　　量					
人工	综合工	工日	135.00	0.53	1.12	1.30	1.27	0.44	1.01
材料	仪表接头	套	—	(3)	(4)	(5)	(2)	(2)	(2)
	精制螺栓 M(6~8)×(20~70)	套	0.50	2	2	2	2	—	—
	聚四氟乙烯生料带 $\delta 20$	m	1.15	0.3	0.4	0.5	0.2	0.2	0.2
	零星材料费	元	—	0.09	0.10	0.11	0.08	0.02	0.02
	校验材料费	元	—	0.67	1.42	1.64	1.56	0.56	1.28
机械	电动空气压缩机 0.6m³	台班	38.51	0.48	0.61	0.61	0.27	0.07	0.60
	校验机械使用费	元	—	5.72	12.10	14.04	13.72	4.75	10.91

5.辅 助 单 元

单位：台

编　　　号			10-209	10-210	10-211	10-212	10-213	10-214	10-215	10-216	10-217	10-218
项　　　目			高、低值选择器	切换器	限幅器	配比器	继动器	恒差器、负荷分配器	带指示手动操作器	手动、自动切换双指示操作器	Q型操作器	大流量过滤减压阀
预算基价	总　　　价(元)		**103.94**	**98.37**	**51.41**	**111.82**	**106.05**	**106.47**	**185.32**	**248.78**	**278.72**	**33.73**
	人　工　费(元)		90.45	86.40	43.20	97.20	91.80	93.15	163.35	217.35	241.65	28.35
	材　料　费(元)		2.40	2.36	2.05	2.60	3.44	2.40	1.97	2.87	3.49	1.57
	机　械　费(元)		11.09	9.61	6.16	12.02	10.81	10.92	20.00	28.56	33.58	3.81
组 成 内 容	单位	单价	数　　　量									
人工	综合工	工日	135.00	0.67	0.64	0.32	0.72	0.68	0.69	1.21	1.61	1.79	0.21
材料	仪表接头	套	—	(3)	(3)	(4)	(4)	(3)	(3)	(2)	(5)	(8)	(2)
	精制螺栓 M(6~8)×(20~70)	套	0.50	2	2	2	2	2	2	—	—	—	2
	聚四氟乙烯生料带 δ20	m	1.15	0.30	0.30	0.40	0.40	0.30	0.30	0.20	0.50	0.80	0.20
	细白布	m	3.57	0.01	0.01	0.01	0.01	0.01	—	0.05	0.05	0.05	—
	位号牌	个	0.99	—	—	—	—	1	—	—	—	—	—
	零星材料费	元	—	0.09	0.09	0.10	0.10	0.12	0.09	0.03	0.07	0.10	0.08
	校验材料费	元	—	0.93	0.89	0.45	1.00	0.95	0.96	1.53	2.05	2.29	0.26
机械	电动空气压缩机 0.6m³	台班	38.51	0.10	0.07	0.07	0.11	0.09	0.09	0.18	0.29	0.37	0.04
	校验机械使用费	元	—	7.24	6.91	3.46	7.78	7.34	7.45	13.07	17.39	19.33	2.27

41

编　　　号			10-219	10-220	10-221	10-222	10-223	10-224	10-225	10-226
项　　　目			过滤器减压阀	三通、六通阀	重复器	压力开关	气动差压开关	气动电开关	配比气插座	五孔气插座
预算基价	总　　　价(元)		**30.81**	**79.45**	**157.88**	**100.22**	**103.62**	**104.63**	**54.64**	**69.22**
	人　工　费(元)		25.65	68.85	136.35	87.75	90.45	89.10	47.25	60.75
	材　料　费(元)		1.57	2.39	5.23	2.75	2.85	1.08	0.91	1.30
	机　械　费(元)		3.59	8.21	16.30	9.72	10.32	14.45	6.48	7.17
组 成 内 容		单位	单价	数　　量						
人工	综合工	工日	135.00	0.19	0.51	1.01	0.65	0.67	0.66	0.35	0.45
材料	仪表接头	套	—	(2)	(4)	(2)	(1)	(2)	(1)	(3)	(5)
	精制螺栓 M(6～8)×(20～70)	套	0.50	2	2	4	2	2	—	—	—
	聚四氟乙烯生料带 δ20	m	1.15	0.20	0.40	0.20	0.14	0.20	0.10	0.30	0.50
	细白布	m	3.57	—	0.03	0.01	0.01	0.01	0.01	0.01	0.01
	垫片	个	0.55	—	—	1	1	1	—	—	—
	位号牌	个	0.99	—	—	1	—	—	—	—	—
	零星材料费	元	—	0.08	0.11	0.18	0.09	0.10	0.01	0.04	0.06
	校验材料费	元	—	0.26	0.71	1.24	0.91	0.93	0.92	0.49	0.63
机械	电动空气压缩机 0.6m³	台班	38.51	0.04	0.07	0.14	0.07	0.08	0.19	0.07	0.06
	校验机械使用费	元	—	2.05	5.51	10.91	7.02	7.24	7.13	3.78	4.86

三、组装式综合控制仪表

1.输入输出组件

单位：件

编 号			10-227	10-228	10-229	10-230	10-231	10-232
项 目			积算功率驱动组件	输出转换组件	输入转换组件	脉冲转换组件	mV/V转换组件	P/E转换组件
预算基价	总 价(元)		**237.19**	**229.83**	**184.20**	**232.77**	**229.83**	**300.44**
	人 工 费(元)		217.35	210.60	168.75	213.30	210.60	268.65
	材 料 费(元)		2.45	2.38	1.95	2.41	2.38	2.98
	机 械 费(元)		17.39	16.85	13.50	17.06	16.85	28.81
组 成 内 容	单位	单价			数 量			
人工 综合工	工日	135.00	1.61	1.56	1.25	1.58	1.56	1.99
材料 真丝绸布 0.9m宽	m	19.67	0.01	0.01	0.01	0.01	0.01	0.01
零星材料费	元	—	0.01	0.01	0.01	0.01	0.01	0.01
校验材料费	元	—	2.24	2.17	1.74	2.20	2.17	2.77
机械 电动空气压缩机 0.6m³	台班	38.51	—	—	—	—	—	0.19
校验机械使用费	元	—	17.39	16.85	13.50	17.06	16.85	21.49

43

2.信号处理组件

单位：件

编　号			10-233	10-234	10-235	10-236	10-237	10-238	10-239
项　目			信号缓冲组件	斜波发生器组件	积算组件	乘除开方组件	加法减法组件	报警组件	逻辑组件
预算基价	总　　价(元)		**197.45**	**303.43**	**262.21**	**241.61**	**203.33**	**238.67**	**447.26**
	人　工　费(元)		180.90	278.10	240.30	221.40	186.30	218.70	410.40
	材　料　费(元)		2.08	3.08	2.69	2.50	2.13	2.47	4.03
	机　械　费(元)		14.47	22.25	19.22	17.71	14.90	17.50	32.83
组 成 内 容	单位	单价	数　　　量						
人工	综合工	工日	135.00	1.34	2.06	1.78	1.64	1.38	1.62	3.04
材料	真丝绸布 0.9m宽	m	19.67	0.01	0.01	0.01	0.01	0.01	0.01	0.01
	零星材料费	元	—	0.01	0.01	0.01	0.01	0.01	0.01	0.01
	校验材料费	元	—	1.87	2.87	2.48	2.29	1.92	2.26	3.82
机械	校验机械使用费	元	—	14.47	22.25	19.22	17.71	14.90	17.50	32.83

3.调 节 组 件

单位：件

编 号			10-240	10-241	10-242	10-243	10-244
项 目			动态补偿组件	跟踪组件	PID组件	多输出接口组件	声光控制组件
预算基价	总 价(元)		**231.07**	**194.30**	**505.08**	**617.36**	**377.03**
	人 工 费(元)		211.95	178.20	463.05	565.65	345.60
	材 料 费(元)		2.16	1.84	4.99	6.46	3.78
	机 械 费(元)		16.96	14.26	37.04	45.25	27.65
组 成 内 容	单位	单价	数 量				
人工 综合工	工日	135.00	1.57	1.32	3.43	4.19	2.56
材料 真丝绸布 0.9m宽	m	19.67	0.01	0.01	0.01	0.03	0.01
零星材料费	元	—	0.01	0.01	0.01	0.03	0.01
校验材料费	元	—	1.95	1.63	4.78	5.84	3.57
机械 校验机械使用费	元	—	16.96	14.26	37.04	45.25	27.65

45

4.其他组件

编　　号			10-245	10-246	10-247	10-248	10-249	10-250
项　　目			电源分配组件	信号分配组件	切换组件	给定组件	继电器组件	监控组件
预算基价	总　　价(元)		**140.45**	**221.41**	**164.01**	**146.34**	**275.88**	**398.04**
	人　工　费(元)		128.25	202.50	149.85	133.65	252.45	364.50
	材　料　费(元)		1.94	2.71	2.17	2.00	3.23	4.38
	机　械　费(元)		10.26	16.20	11.99	10.69	20.20	29.16
组 成 内 容	单位	单价	数　　　量					
人工　综合工	工日	135.00	0.95	1.50	1.11	0.99	1.87	2.70
材料　真丝绸布 0.9m宽	m	19.67	0.03	0.03	0.03	0.03	0.03	0.03
零星材料费	元	—	0.03	0.03	0.03	0.03	0.03	0.03
校验材料费	元	—	1.32	2.09	1.55	1.38	2.61	3.76
机械　校验机械使用费	元	—	10.26	16.20	11.99	10.69	20.20	29.16

5.盘 装 仪 表

编　号			10-251	10-252	10-253	10-254	10-255	10-256
项　目			控制显示 操作器	手操器	趋势记录仪	三/四笔 记录仪	单、双针 记录仪	单、双针 指示仪
预算基价	总　　价(元)		**191.97**	**147.81**	**453.95**	**403.95**	**246.60**	**248.06**
	人　工　费(元)		175.50	135.00	415.80	369.90	225.45	226.80
	材　料　费(元)		2.43	2.01	4.89	4.46	3.11	3.12
	机　械　费(元)		14.04	10.80	33.26	29.59	18.04	18.14
组 成 内 容	单位	单价	数　　　量					
人工 综合工	工日	135.00	1.30	1.00	3.08	2.74	1.67	1.68
材料 真丝绸布 0.9m宽	m	19.67	0.03	0.03	0.05	0.05	0.05	0.05
零星材料费	元	—	0.03	0.03	0.05	0.05	0.05	0.05
校验材料费	元	—	1.81	1.39	3.86	3.43	2.08	2.09
机械 校验机械使用费	元	—	14.04	10.80	33.26	29.59	18.04	18.14

四、基地式调节仪表

编　号			10-257	10-258	10-259	10-260	10-261	10-262	10-263
项　目			电动调节器					指示记录式气动调节器	
			简易式调节器	PID调节器	时间比例调节器	配比调节器	程序控制调节器	盘上	支架上
预算基价	总　　价(元)		**334.68**	**599.40**	**347.92**	**593.57**	**631.75**	**731.45**	**757.48**
	人　工　费(元)		305.10	548.10	317.25	542.70	577.80	638.55	661.50
	材　料　费(元)		5.17	7.45	5.29	7.45	7.73	7.55	8.79
	机　械　费(元)		24.41	43.85	25.38	43.42	46.22	85.35	87.19
组　成　内　容		单位	单价	数　　量					
人工	综合工	工日	135.00	2.26	4.06	2.35	4.02	4.28	4.73	4.90
材料	仪表接头	套	—	—	—	—	—	—	(3)	(3)
	精制螺栓 M(6~8)×(20~70)	套	0.50	2	2	2	2	2	—	2
	位号牌	个	0.99	1	1	1	1	1	1	1
	细白布	m	3.57	0.1	0.1	0.1	0.1	0.1	0.1	0.1
	聚四氟乙烯生料带 $\delta20$	m	1.15	—	—	—	—	—	0.25	0.25
	零星材料费	元	—	0.10	0.10	0.10	0.10	0.10	0.07	0.13
	校验材料费	元	—	2.72	5.00	2.84	5.00	5.28	5.85	6.03
机械	电动空气压缩机 0.6m³	台班	38.51	—	—	—	—	—	0.89	0.89
	校验机械使用费	元	—	24.41	43.85	25.38	43.42	46.22	51.08	52.92

五、执 行 仪 表

1.执 行 机 构

单位：台

编 号			10-264	10-265	10-266	10-267	10-268	10-269
项 目			电信号气动长程执行机构	气动长行程执行机构	气动活塞式执行机构	气动薄膜执行机构	电动直行程执行机构	电动角行程执行机构（250N•m以内）
预算基价	总 价(元)		**660.90**	**609.67**	**403.10**	**174.73**	**323.59**	**480.34**
	人 工 费(元)		581.85	529.20	351.00	143.10	290.25	426.60
	材 料 费(元)		14.46	18.17	9.06	5.22	6.64	16.13
	机 械 费(元)		64.59	62.30	43.04	26.41	26.70	37.61
组 成 内 容	单位	单价	数 量					
人工 综合工	工日	135.00	4.31	3.92	2.60	1.06	2.15	3.16
材料 仪表接头	套	—	(2)	(2)	(2)	(1)	—	—
连杆组件	套	—	—	—	—	—	(1)	(1)
膨胀螺栓 M10	套	1.53	2	2	—	—	—	2
精制六角螺栓 M20×60	套	1.97	—	2	—	—	—	2
位号牌	个	0.99	1	1	1	1	1	1
电	kW•h	0.73	0.5	0.5	—	—	—	1.0
棉纱	kg	16.11	0.15	0.15	0.15	0.10	0.10	0.10
汽油 60#～70#	kg	6.67	0.3	0.3	0.3	0.2	0.2	0.2
零星材料费	元	—	0.31	0.58	0.11	0.08	0.08	0.56
校验材料费	元	—	5.32	4.82	3.54	1.20	2.62	3.90
机械 载货汽车 2.5t	台班	347.63	—	—	—	—	0.01	0.01
载货汽车 4t	台班	417.41	0.01	0.01	0.01	0.01	—	—
电动空气压缩机 0.6m³	台班	38.51	0.36	0.41	0.28	0.28	—	—
校验机械使用费	元	—	46.55	42.34	28.08	11.45	23.22	34.13

编　号			10-270	10-271	10-272	10-273	10-274
项　目			电动角行程执行机构（250N·m以外）	智能执行机构	液动执行机构		
					直柄式	双侧直柄式	曲柄式
预算基价	总　价（元）		**514.09**	**620.13**	**641.66**	**684.00**	**708.71**
	人　工　费（元）		457.65	565.65	611.55	638.55	670.95
	材　料　费（元）		16.35	9.23	30.11	45.45	37.76
	机　械　费（元）		40.09	45.25	—	—	—
组　成　内　容		单位	单价	数　　量			
人工	综合工	工日	135.00	3.39	4.19	4.53	4.73	4.97
材料	连杆组件	套	—	(1)	—	—	—	—
	仪表接头	套	—	—	—	(2)	(4)	(2)
	位号牌	个	0.99	1	1	1	1	1
	精制六角螺栓 M20×60	套	1.97	2	—	4	8	4
	膨胀螺栓 M10	套	1.53	2	—	—	—	—
	电	kW·h	0.73	1.0	—	—	—	—
	棉纱	kg	16.11	0.10	0.10	0.50	0.70	0.60
	汽油 60#～70#	kg	6.67	0.2	0.2	1.0	1.5	1.8
	零星材料费	元	—	0.56	0.08	0.84	1.50	0.99
	校验材料费	元	—	4.12	5.21	5.67	5.92	6.23
机械	载货汽车 2.5t	台班	347.63	0.01	—	—	—	—
	校验机械使用费	元	—	36.61	45.25	—	—	—

2.调 节 阀

单位：台

编　号			10-275	10-276	10-277	10-278	10-279	10-280
项　目			气动活塞式调节阀	气动薄膜调节阀	电动调节阀	智能调节阀	管道上安装电磁阀	伺服放大器
预算基价	总　价(元)		**760.55**	**575.92**	**594.47**	**1068.60**	**370.06**	**225.98**
	人 工 费(元)		656.10	491.40	514.35	950.40	317.25	206.55
	材 料 费(元)		11.51	7.28	12.21	16.31	11.41	2.91
	机 械 费(元)		92.94	77.24	67.91	101.89	41.40	16.52
组 成 内 容	单位	单价	数　　　量					
人工 综合工	工日	135.00	4.86	3.64	3.81	7.04	2.35	1.53
材料 仪表接头	套	—	(2)	(1)	—	—	—	—
位号牌	个	0.99	1	1	1	1	1	—
棉纱	kg	16.11	0.15	0.06	0.06	0.06	0.05	—
汽油 60#~70#	kg	6.67	0.3	0.1	0.1	0.1	0.1	—
聚四氟乙烯生料带 δ20	m	1.15	—	0.10	—	—	—	—
接地线 5.5~16mm²	m	5.16	—	—	0.8	0.8	1.0	—
半圆头镀锌螺栓 M(2~5)×(15~50)	套	0.24	—	—	—	—	—	4
零星材料费	元	—	0.11	0.07	0.78	0.78	0.95	0.05
校验材料费	元	—	5.99	4.47	4.68	8.78	2.84	1.90
机械 载货汽车 4t	台班	417.41	0.03	0.02	0.02	0.02	0.02	—
汽车式起重机 8t	台班	767.15	0.02	0.02	0.02	0.02	0.01	—
电动空气压缩机 0.6m³	台班	38.51	0.20	0.29	—	—	—	—
试压泵 3MPa	台班	18.08	0.27	0.17	0.17	0.12	—	—
校验机械使用费	元	—	52.49	39.31	41.15	76.03	25.38	16.52

编　号			10-281	10-282	10-283	10-284	10-285
项　目			阀门检查接线				防爆阀门控制箱
			气动蝶阀	电动蝶阀	多通电动阀	多通电磁阀	
预算基价	总　　价(元)		**157.01**	**114.88**	**122.24**	**97.24**	**254.67**
	人　工　费(元)		136.35	99.90	106.65	83.70	225.45
	材　料　费(元)		1.66	6.99	7.06	6.84	11.18
	机　械　费(元)		19.00	7.99	8.53	6.70	18.04
组　成　内　容	单位	单价	数　　量				
人工 综合工	工日	135.00	1.01	0.74	0.79	0.62	1.67
材料 仪表接头	套	—	(4)	—	—	—	(3)
聚四氟乙烯生料带 δ20	m	1.15	0.15	—	—	—	—
细白布	m	3.57	0.05	—	—	—	—
接地线 5.5~16mm²	m	5.16	—	1.0	1.0	1.0	1.5
零星材料费	元	—	0.03	0.90	0.90	0.90	1.39
校验材料费	元	—	1.28	0.93	1.00	0.78	2.05
机械 电动空气压缩机 0.6m³	台班	38.51	0.21	—	—	—	—
校验机械使用费	元	—	10.91	7.99	8.53	6.70	18.04

3.直接作用调节阀

单位：台

编 号			10-286	10-287	10-288	10-289
项 目			自力式压力调节阀		自力式流量调节阀	自力式温度调节阀
			重锤式	带指挥器		
预算基价	总 价(元)		**246.80**	**290.45**	**369.55**	**372.46**
	人 工 费(元)		240.30	283.50	361.80	359.10
	材 料 费(元)		6.50	6.95	7.75	13.36
组 成 内 容		单位	单价	数 量		
人工	综合工	工日	135.00	1.78	2.10	2.68	2.66
材料	仪表接头	套	—	(1)	(5)	(5)	(1)
	插座 带丝堵	套	—	—	—	—	(1)
	位号牌	个	0.99	1	1	1	1
	棉纱	kg	16.11	0.1	0.1	0.1	0.2
	汽油 60#～70#	kg	6.67	0.2	0.2	0.2	0.4
	尼龙扎带	根	0.49	—	—	—	5
	零星材料费	元	—	0.08	0.08	0.08	0.32
	校验材料费	元	—	2.48	2.93	3.73	3.71

53

4.执行仪表附件

单位：台

编　号			10-290	10-291	10-292	10-293	10-294	10-295
项　目			电/气阀门定位器	气动阀门定位器	气控气阀	电控气阀	电磁换气阀	气路二位多通电磁阀
预算基价	总　　价（元）		**180.42**	**274.36**	**103.50**	**101.65**	**86.54**	**94.27**
	人　工　费（元）		157.95	240.30	91.80	90.45	75.60	82.35
	材　料　费（元）		2.90	3.67	1.28	1.26	1.04	1.48
	机　械　费（元）		19.57	30.39	10.42	9.94	9.90	10.44
组　成　内　容		单位	单价	数　　量				
人工	综合工	工日	135.00	1.17	1.78	0.68	0.67	0.56	0.61
材料	仪表接头	套	—	(2)	(2)	(3)	(2)	(2)	(4)
	聚四氟乙烯生料带 δ20	m	1.15	0.2	0.2	0.2	0.2	0.2	0.3
	位号牌	个	0.99	1	1	—	—	—	—
	细白布	m	3.57	0.05	0.05	0.02	0.02	0.02	0.10
	零星材料费	元	—	0.06	0.06	0.03	0.03	0.03	0.06
	校验材料费	元	—	1.44	2.21	0.95	0.93	0.71	0.72
机械	电动空气压缩机 0.6m³	台班	38.51	0.18	0.29	0.08	0.07	0.10	0.10
	校验机械使用费	元	—	12.64	19.22	7.34	7.24	6.05	6.59

编　号			10-296	10-297	10-298	10-299	10-300
项　目			三断自锁装置	气动保位阀安保器	阀位传送器	限位微动开关	趋近开关
预算基价	总　　价(元)		**206.42**	**95.08**	**157.33**	**51.73**	**73.67**
	人　工　费(元)		180.90	82.35	144.45	47.25	67.50
	材　料　费(元)		2.96	1.52	1.32	0.70	0.77
	机　械　费(元)		22.56	11.21	11.56	3.78	5.40
组 成 内 容		单位	单价	数　　量			
人工	综合工	工日	135.00	1.34	0.61	1.07	0.35	0.50
材料	仪表接头	套	—	(4)	(2)	—	—	—
	聚四氟乙烯生料带 δ20	m	1.15	0.2	0.1	—	—	—
	真丝绸布 0.9m宽	m	19.67	0.05	0.03	—	0.01	0.01
	零星材料费	元	—	0.05	0.04	—	0.01	0.01
	校验材料费	元	—	1.70	0.77	1.32	0.49	0.56
机械	电动空气压缩机 0.6m³	台班	38.51	0.21	0.12	—	—	—
	校验机械使用费	元	—	14.47	6.59	11.56	3.78	5.40

六、仪表回路模拟试验

1.检 测 回 路

编 号			10-301	10-302	10-303	10-304	10-305	10-306
项 目			温度回路	压力回路	流量差压回路	多点检测回路（点以内）		
						20	60	100
预算基价	总 价(元)		**241.05**	**301.34**	**321.93**	**580.74**	**660.12**	**805.64**
	人 工 费(元)		221.40	276.75	295.65	533.25	606.15	739.80
	材 料 费(元)		1.94	2.45	2.63	4.83	5.48	6.66
	机 械 费(元)		17.71	22.14	23.65	42.66	48.49	59.18
组 成 内 容	单位	单价	数 量					
人工 综合工	工日	135.00	1.64	2.05	2.19	3.95	4.49	5.48
材料 校验材料费	元	—	1.94	2.45	2.63	4.83	5.48	6.66
机械 校验机械使用费	元	—	17.71	22.14	23.65	42.66	48.49	59.18

2. 调 节 回 路

编 号			10-307	10-308	10-309	10-310
项 目			简单回路	复杂回路		手操回路
				双回路	多回路	
预算基价	总 价(元)		**561.66**	**844.02**	**1544.14**	**245.47**
	人 工 费(元)		515.70	774.90	1417.50	225.45
	材 料 费(元)		4.70	7.13	13.24	1.98
	机 械 费(元)		41.26	61.99	113.40	18.04
组 成 内 容	单位	单价	数　　量			
人工	综合工	工日	135.00	3.82	5.74	10.50	1.67
材料	校验材料费	元	—	4.70	7.13	13.24	1.98
机械	校验机械使用费	元	—	41.26	61.99	113.40	18.04

第三章　集中检测装置仪表

说　明

一、本章适用范围：

1.机械量仪表：测厚、测宽、旋转机械检测仪表，称重仪表及称重标定、皮带跑偏、打滑检测。

2.过程分析和物性检测仪表：电化学式、热学式、磁导式、红外线分析、光电比色分析、工业色谱分析、质谱仪、可燃气体热值指数仪、水质分析、物性分析、特殊预处理装置、分析柜、分析小屋及附件安装。

3.气象环保检测、风向、风速、雨量、日照、飘尘等仪表。

二、本章各预算基价子目包括以下工作内容：准备、开箱、设备清点、搬运、校接线、成套仪表安装、附属件安装、常规检查、单元检查、功能测试、设备接地、整套系统试验、配合单机试运转、记录。除此之外，还包括如下内容：

1.机械量仪表探头或传感器、传动机构、测量架、皮带秤称量框、托辊配合清点、安装和安全防护等。

2.成套分析仪表探头、通用预处理装置、转换装置、显示仪表安装及取样部件提供、清洗、保管。

3.分析系统数据处理和控制设备调试、接口试验。

4.分析仪表校验用标准样品标定。

5.分析小屋、柜组装、安全防护、接地、接地电阻测试。

6.称重装置标定：机械部分调整零点、线性度和精度调试、电源调整皮带速度、周长、静态复合率调整、标定数据记录整理。

三、本章各预算基价不包括以下工作内容：

1.设备支架、支座、安装制作。

2.在管道上开孔焊接取源取样部件或法兰。

3.校验用标准气样的配制。

4.分析系统需配置的冷却器、水封及其他辅助容器的制作和安装。

5.分析小屋及分析柜通风，空调，管路，电缆，阀安装及底座，轨道制作、安装，小屋或柜密封，试压，开孔，改造室内支架，台架制作、安装。

6.气象环保仪表的立杆、拉线、检修平台安装。

7.电子皮带秤标定中砝码、链码租用、运输、挂码和实物标定的物源准备、堆场。

四、水质分析中缩写字母表示：

ORP—氧化还原电位值；

TOD—总需氧量；

COD—化学需氧量。

五、本章所列项目为成套装置，除以上说明外，不能分开计算工程量。

工程量计算规则

一、测厚测宽装置依据其名称、类型、功能、规格按设计图示数量计算。

二、旋转机械检测仪表依据其名称、功能按设计图示数量计算。

三、称重装置依据其名称、类型、功能、规格按设计图示数量计算。皮带秤标定按标定次数计算。

四、过程分析仪表依据其名称、类型、功能按设计图示数量计算。

五、物性检测仪表依据其名称、类型、功能、安装位置按设计图示数量计算。

六、特殊预处理装置依据其名称、类型、测量点数量按设计图示数量计算。

七、分析柜、室依据其名称、类型按设计图示数量计算。

八、气象环保检测仪表依据其名称、功能按设计图示数量计算。

一、机械量仪表

1.测厚测宽装置

编　号			10-311	10-312	10-313	10-314	10-315	10-316
项　目			接触式测厚仪	同位素测厚仪（直接测量）	同位素测厚仪带"C"形架		电容光电式厚度检测装置	宽度检测装置
					100kg以内	100kg以外		
预算基价	总　　价(元)		**3924.98**	**7810.35**	**8972.01**	**11866.27**	**4010.07**	**11753.09**
	人 工 费(元)		3596.40	7160.40	8216.10	10864.80	3670.65	10782.45
	材 料 费(元)		40.87	77.12	98.62	132.29	45.77	108.04
	机 械 费(元)		287.71	572.83	657.29	869.18	293.65	862.60
组 成 内 容	单位	单价	数　　量					
人工	综合工	工日	135.00	26.64	53.04	60.86	80.48	27.19	79.87
材料	接地线 5.5～16mm^2	m	5.16	1	1	1	1	1	1
	位号牌	个	0.99	1	1	1	1	1	1
	细白布	m	3.57	0.1	0.3	0.3	0.3	0.1	0.1
	真丝绸布 0.9m宽	m	19.67	—	0.1	0.1	0.1	0.1	—
	棉纱	kg	16.11	—	—	0.5	1.0	—	—
	汽油 60#～70#	kg	6.67	—	—	0.5	0.5	—	—
	电	kW•h	0.73	—	—	—	1.5	3.0	—
	零星材料费	元	—	0.95	1.08	1.29	1.47	1.09	0.95
	校验材料费	元	—	33.41	66.85	76.75	101.09	34.02	100.58
机械	校验机械使用费	元	—	287.71	572.83	657.29	869.18	293.65	862.60

2.旋转机械检测仪表

编　　　号			10-317	10-318	10-319	10-320	10-321
项　　　目			挠度检测	轴位移量检测	热膨胀检测	转速检测	振动检测
预算基价	总　　　价(元)		**1439.71**	**1491.10**	**1485.21**	**1166.09**	**1598.46**
	人　工　费(元)		1320.30	1367.55	1362.15	1069.20	1466.10
	材　料　费(元)		13.79	14.15	14.09	11.35	15.07
	机　械　费(元)		105.62	109.40	108.97	85.54	117.29
组 成 内 容	单位	单价	数　　　量				
人工　综合工	工日	135.00	9.78	10.13	10.09	7.92	10.86
材料　位号牌	个	0.99	1	1	1	1	1
细白布	m	3.57	0.1	0.1	0.1	0.1	0.1
零星材料费	元	—	0.05	0.05	0.05	0.05	0.05
校验材料费	元	—	12.39	12.75	12.69	9.95	13.67
机械　校验机械使用费	元	—	105.62	109.40	108.97	85.54	117.29

3.称重装置与皮带打滑、跑偏检测

编　号		10-322	10-323	10-324	10-325	10-326	10-327	10-328	10-329	10-330	10-331
项　目		称重传感器			电子皮带秤		皮带跑偏检测	皮带打滑检测	数字称重显示仪	智能称重显示仪	可编程称重装袋装置
		称重(t)			单托辊	双托辊					
		0.01～1	1～10	10～50							
预算基价	总　　价(元)	**775.40**	**869.44**	**982.68**	**1245.27**	**1356.27**	**1192.96**	**1003.01**	**1842.33**	**2549.73**	**12351.18**
	人　工　费(元)	706.05	791.10	895.05	1134.00	1232.55	1088.10	913.95	1687.50	2336.85	11319.75
	材　料　费(元)	12.87	15.05	16.03	20.55	25.12	17.81	15.94	19.83	25.93	125.85
	机　械　费(元)	56.48	63.29	71.60	90.72	98.60	87.05	73.12	135.00	186.95	905.58

	组　成　内　容	单位	单价	数　　量									
人工	综合工	工日	135.00	5.23	5.86	6.63	8.40	9.13	8.06	6.77	12.50	17.31	83.85
材料	位号牌	个	0.99	1	1	1	1	1	1	1	—	—	10
	棉纱	kg	16.11	0.2	0.2	0.2	—	—	—	—	—	—	—
	汽油 60#～70#	kg	6.67	0.3	0.5	0.5	—	—	—	—	—	—	—
	接地线 5.5～16mm²	m	5.16	—	—	—	1	1	1	1	—	—	1
	精制螺栓 M(6～8)×(20～70)	套	0.50	—	—	—	4.0	10.0	—	—	4.0	4.0	—
	细白布	m	3.57	—	—	—	0.2	0.3	0.1	0.1	—	—	1.0
	真丝绸布 0.9m宽	m	19.67	—	—	—	—	—	—	—	0.1	0.1	—
	零星材料费	元	—	0.13	0.16	0.16	1.18	1.48	1.17	0.95	0.20	0.20	1.35
	校验材料费	元	—	6.53	7.34	8.32	10.51	11.42	10.13	8.48	15.66	21.76	105.87
机械	校验机械使用费	元	—	56.48	63.29	71.60	90.72	98.60	87.05	73.12	135.00	186.95	905.58

4．电子皮带秤标定

单位：次

编　号			10-332	10-333	10-334	10-335	10-336	10-337	10-338
项　目			挂码标定挂码质量（kg以内）				链码标定链码质量（kg以内）		
			20	50	80	100	50	100	200
预算基价	总　　价（元）		**1710.69**	**2101.89**	**2668.10**	**3457.84**	**2106.30**	**2591.62**	**2834.28**
	人　工　费（元）		1567.35	1926.45	2446.20	3171.15	1930.50	2376.00	2598.75
	材　料　费（元）		17.95	21.32	26.20	33.00	21.36	25.54	27.63
	机　械　费（元）		125.39	154.12	195.70	253.69	154.44	190.08	207.90
组　成　内　容	单位	单价	数　　量						
人工 综合工	工日	135.00	11.61	14.27	18.12	23.49	14.30	17.60	19.25
材料 细白布	m	3.57	0.5	0.5	0.5	0.5	0.5	0.5	0.5
汽油 60#～70#	kg	6.67	0.2	0.2	0.2	0.2	0.2	0.2	0.2
零星材料费	元	—	0.13	0.13	0.13	0.13	0.13	0.13	0.13
校验材料费	元	—	14.70	18.07	22.95	29.75	18.11	22.29	24.38
机械 校验机械使用费	元	—	125.39	154.12	195.70	253.69	154.44	190.08	207.90

编　号			10-339	10-340	10-341	10-342	10-343
项　目			实物标定标定质量(t以内)				
			5	8	15	25	50
预算基价	总　　价(元)		**4400.91**	**4996.62**	**6262.01**	**7732.20**	**8793.02**
	人　工　费(元)		1880.55	2316.60	3163.05	3998.70	4629.15
	材　料　费(元)		29.17	32.92	37.02	42.92	48.34
	机　械　费(元)		2491.19	2647.10	3061.94	3690.58	4115.53
组　成　内　容	单位	单价	数　　　　量				
人工 综合工	工日	135.00	13.93	17.16	23.43	29.62	34.29
材料 标定材料费	元	—	29.17	32.92	37.02	42.92	48.34
机械 叉式起重机 3t	台班	484.07	1.25	1.50	1.50	1.80	2.00
汽车式起重机 16t	台班	971.12	1.25	1.25	1.50	1.80	2.00
载货汽车 4t	台班	417.41	1.25	1.25	1.50	1.80	2.00
校验机械使用费	元	—	150.44	185.33	253.04	319.90	370.33

二、过程分析和物性检测仪表

1.过程分析仪表

单位：套

编　号			10-344	10-345	10-346	10-347	10-348	10-349	10-350	10-351	10-352	10-353
项　目			电化学式分析仪						去极化式分析仪	热学式分析仪		磁导式分析仪
			电导式气体分析	电导式液体分析	电磁浓度计	流通式pH分析仪	沉入式pH分析仪	氧化锆分析仪		热导式	热化学式	
预算基价	总　　价(元)		**3343.29**	**2045.71**	**1326.73**	**2397.74**	**2325.28**	**3291.44**	**3398.10**	**3512.56**	**2368.48**	**3092.42**
	人　工　费(元)		3063.15	1875.15	1215.00	2197.80	2131.65	3017.25	3114.45	3221.10	2170.80	2835.00
	材　料　费(元)		35.09	20.55	14.53	24.12	23.10	32.81	34.49	33.77	24.02	30.62
	机　械　费(元)		245.05	150.01	97.20	175.82	170.53	241.38	249.16	257.69	173.66	226.80
组 成 内 容	单位	单价	数　　量									
人工	综合工	工日	135.00	22.69	13.89	9.00	16.28	15.79	22.35	23.07	23.86	16.08	21.00
材料	取源部件	套	—	(1)	(1)	(1)	—	—	(1)	(1)	(1)	(1)	(1)
	仪表接头	套	—	(3)	(1)	(2)	(2)	—	(1)	(4)	(2)	(2)	(3)
	精制螺栓 M(6～8)×(20～70)	套	0.50	2	—	—	—	—	—	—	—	—	—
	位号牌	个	0.99	2	1	1	1	1	2	2	1	1	1
	电	kW·h	0.73	0.3	0.3	—	0.5	0.5	1.0	0.5	0.5	0.5	0.5
	细白布	m	3.57	0.5	0.5	0.5	0.5	0.5	0.5	0.5	0.5	0.5	0.5
	氧气	m³	2.88	0.080	—	0.030	0.030	—	—	0.085	0.030	0.030	0.080
	乙炔气	kg	14.66	0.030	—	0.010	0.010	—	—	0.045	0.013	0.020	0.030
	气焊条 D<2	kg	7.96	0.080	—	0.020	0.020	—	—	0.030	0.020	0.020	0.030
	零星材料费	元	—	0.22	0.13	0.13	0.14	0.13	0.17	0.17	0.14	0.14	0.14
	校验材料费	元	—	28.58	17.43	11.23	20.45	19.83	28.14	29.05	30.05	20.20	26.43
机械	校验机械使用费	元	—	245.05	150.01	97.20	175.82	170.53	241.38	249.16	257.69	173.66	226.80

单位：套

编　号				10-354	10-355	10-356	10-357	10-358	10-359	10-360	10-361	10-362
项　目				红外线分析仪	光电比色分析仪		工业气相色谱仪	质谱仪	可燃气体热值指数仪	水质分析		
					硅酸根自动分析	浊度分析				ORP	TOD	COD
预算基价	总　　价(元)			**4549.57**	**3385.56**	**1564.61**	**8055.96**	**7511.94**	**4206.58**	**3006.55**	**3815.41**	**2678.19**
	人　工　费(元)			4168.80	3099.60	1428.30	7379.10	6893.10	3819.15	2758.05	3500.55	2461.05
	材　料　费(元)			47.27	37.99	22.05	86.53	67.39	43.39	27.86	34.82	20.26
	机　械　费(元)			333.50	247.97	114.26	590.33	551.45	344.04	220.64	280.04	196.88
组　成　内　容		单位	单价	数　　量								
人工	综合工	工日	135.00	30.88	22.96	10.58	54.66	51.06	28.29	20.43	25.93	18.23
材料	取源部件	套	—	(1)	(1)	(1)	(6)	(1)	(1)	—	—	—
	仪表接头	套	—	(2)	(2)	(2)	(14)	(1)	(3)	(1)	(1)	(1)
	位号牌	个	0.99	1	1	1	1	1	1	1	1	1
	电	kW•h	0.73	1.0	2.0	1.0	—	—	—			
	氧气	m³	2.88	0.030	0.030	0.030	0.460		0.080			
	乙炔气	kg	14.66	0.010	0.010	0.010	0.140		0.030			
	气焊条 D<2	kg	7.96	0.020	0.020	0.080	0.360		0.080			
	真丝绸布 0.9m宽	m	19.67	0.3	0.3	0.3	0.5	—	—			
	细白布	m	3.57	—	—	—	—	0.5	0.5	0.3	0.3	0.3
	精制螺栓 M10×（20～50）	套	0.67	—	—	—	—	—	5			
	零星材料费	元	—	0.32	0.34	0.32	0.51	0.13	0.29	0.09	0.09	0.09
	校验材料费	元	—	38.94	28.91	13.24	68.95	64.48	35.67	25.71	32.67	18.11
机械	电动空气压缩机 0.6m³	台班	38.51	—	—	—	—	—	1	—	—	—
	校验机械使用费	元	—	333.50	247.97	114.26	590.33	551.45	305.53	220.64	280.04	196.88

2.物性检测仪表

编　号			10-363	10-364	10-365	10-366	10-367
项　目			湿度分析	密度和容重测定	水分计	黏度测定	
						设备上安装	管道上安装
预算基价	总　价(元)		**1592.34**	**1808.30**	**4145.19**	**5502.62**	**6042.08**
	人　工　费(元)		1464.75	1659.15	3804.30	5054.40	5553.90
	材　料　费(元)		10.41	16.42	36.55	43.87	43.87
	机　械　费(元)		117.18	132.73	304.34	404.35	444.31
组　成　内　容		单位	单价	数　　量			
人工	综合工	工日	135.00	10.85	12.29	28.18	37.44	41.14
材料	仪表接头	套	—	—	(1)	—	(1)	(1)
	取源部件	套	—	—	—	—	(1)	(1)
	位号牌	个	0.99	1	1	1	1	1
	细白布	m	3.57	—	0.3	—	0.5	0.5
	零星材料费	元	—	0.03	0.09	0.03	0.13	0.13
	校验材料费	元	—	9.39	14.27	35.53	40.96	40.96
机械	校验机械使用费	元	—	117.18	132.73	304.34	404.35	444.31

3.特殊预处理装置

单位：套

编　号			10-368	10-369	10-370	10-371	10-372	10-373	10-374
项　目			烟道脏气样	炉气高温气体	重油分析取样	环境监测取样		腐蚀组分取样	高黏度脏物取样
						单点	多点		
预算基价	总　价(元)		**1333.04**	**1493.42**	**1034.15**	**712.25**	**1162.46**	**840.56**	**1653.80**
	人　工　费(元)		1232.55	1381.05	955.80	658.80	1074.60	777.60	1529.55
	材　料　费(元)		1.89	1.89	1.89	0.75	1.89	0.75	1.89
	机　械　费(元)		98.60	110.48	76.46	52.70	85.97	62.21	122.36
组　成　内　容	单位	单价	数　　量						
人工	综合工	工日	135.00	9.13	10.23	7.08	4.88	7.96	5.76	11.33
材料	细白布	m	3.57	0.5	0.5	0.5	0.2	0.5	0.2	0.5
	零星材料费	元	—	0.10	0.10	0.10	0.04	0.10	0.04	0.10
机械	校验机械使用费	元	—	98.60	110.48	76.46	52.70	85.97	62.21	122.36

71

4.分析柜、室及附件安装

单位：台

编　　号				10-375	10-376	10-377
项　　目				分析柜安装	分析金属小屋	取样冷却器安装
预算基价	总　　价(元)			**1907.74**	**5621.41**	**302.31**
	人　工　费(元)			1603.80	3890.70	265.95
	材　料　费(元)			26.37	225.28	15.08
	机　械　费(元)			277.57	1505.43	21.28
组　成　内　容		单位	单价	数　　量		
人工	综合工	工日	135.00	11.88	28.82	1.97
材料	仪表接头	套	—	—	—	(5)
	垫铁	kg	8.61	1	15	—
	接地线 5.5～16mm²	m	5.16	1	1	—
	精制螺栓 M12×(20～100)	套	1.19	4	48	—
	膨胀螺栓 M10	套	1.53	—	—	4
	电	kW·h	0.73	1.0	5.0	0.2
	棉纱	kg	16.11	0.3	1.0	0.3
	冲击钻头 D12	个	8.00	0.10	0.50	0.08
	汽油 60#～70#	kg	6.67	—	0.5	0.2
	氧气	m³	2.88	—	—	0.004
	乙炔气	kg	14.66	—	—	0.04
	气焊条 D<2	kg	7.96	—	—	0.100
	零星材料费	元	—	1.48	6.75	0.61
机械	汽车式起重机 16t	台班	971.12	0.1	0.8	—
	载货汽车 8t	台班	521.59	0.1	0.8	—
	校验机械使用费	元	—	128.30	311.26	21.28

三、气象环保检测仪表

编　　　号				10-378	10-379	10-380	10-381
项　　目				风向、风速	雨量	日照	飘尘
预算基价	总　　价(元)			**1413.93**	**1486.94**	**1316.92**	**1811.06**
	人　工　费(元)			1287.90	1359.45	1202.85	1656.45
	材　料　费(元)			23.00	18.73	17.84	22.09
	机　械　费(元)			103.03	108.76	96.23	132.52
组　成　内　容		单位	单价	数　　　量			
人工	综合工	工日	135.00	9.54	10.07	8.91	12.27
材料	精制螺栓 M12×(20～100)	套	1.19	8	4	4	4
	位号牌	个	0.99	1.00	1.00	1.00	1.00
	电	kW·h	0.73	1	1	1	1
	细白布	m	3.57	0.2	0.2	0.2	0.2
	零星材料费	元	—	0.34	0.20	0.20	0.20
	校验材料费	元	—	10.71	11.34	10.45	14.70
机械	校验机械使用费	元	—	103.03	108.76	96.23	132.52

第四章　集中监视与控制仪表

说　明

一、本章适用范围：

1.安全监测装置：可燃气体报警装置、火焰监视器、自动点火装置、燃烧安全保护装置、漏油检测装置、高阻检漏装置。

2.工业电视：摄像机及附属设备、显示器和辅助设备安装、调整。

3.远动装置。

4.顺序控制装置：继电联锁保护系统、逻辑监控装置、气动顺控装置、智能顺控装置。

5.信号报警装置：闪光报警器、智能闪光报警装置、继电线路报警系统、继电器箱、柜及报警装置组件、元件。

6.数据采集及巡回检测报警装置。

二、本章各预算基价子目包括以下工作内容：技术机具准备、开箱、设备清点、搬运、单体调试、安装、固定、挂牌、校接线、接地、接地电阻测试、常规检查、系统模拟试验、配合单机试运转、记录整理。此外还包括以下内容：

1.远动装置：过程I/O点试验、信息处理、单元检查、基本功能（画面显示报警等）、设定功能测试、自检功能测试、打印、制表、遥测、遥控、遥信、遥调功能测试；以远动装置为核心的被控与控制端及操作站监视、变换器及输出驱动继电器整套系统运行调整。

2.顺序控制装置：联锁保护系统线路检查、设备元件检查调整；逻辑监控系统修改主令功能图、输入输出信号检查、功能检查排错；凸轮式与气动顺控装置调整拨块或定时盘、设定动作程序等。

3.智能闪光报警装置：单元检查、功能检查、程序检查、自检、排错。

4.火焰监测装置探头、检出器安装调试，灭火保护电路安装调试。

5.固定点火装置的电源、激磁、连接导线火花塞安装，自动点火系统顺序逻辑控制和报警系统安装调试。

6.可燃气体报警和多点气体报警包括探头和报警器整体安装调试。

7.继电器箱、柜安装、固定、校接线、接地及接地电阻测定。

三、本章各预算基价子目不包括以下工作内容：

1.计算机机柜、台柜安装。

2.支架、支座制作安装。

3.为远动装置、信号报警装置、顺控装置、数据采集、巡回报警装置提供输入输出信号的现场仪表安装调试。

4.漏油检测装置排空管、溢流管安装、沟槽开挖、水泥盖板制作安装、流入管埋设。

四、顺序控制中可编程逻辑控制器的安装，另外执行本册相应子目。

五、盘上安装仪表用螺栓按仪表自带考虑。

六、继电器或组件柜、箱、机箱安装、检查及校接线内容适用于报警盘、点火盘或箱。

工程量计算规则

一、安全检测装置依据其名称、功能按设计图示数量计算。

二、工业电视依据其名称、安装位置按设计图示数量计算。

三、远动装置依据其名称、点数量按设计图示数量计算。

四、顺序控制装置依据其名称、类型、功能、点数量按设计图示数量计算。

五、信号报警装置依据其名称、类型、点数或回路数按设计图示数量计算。

六、信号报警装置柜、箱依据其名称、类型、功能按设计图示数量计算。

七、数据采集及巡回检测报警装置依据其名称、类型、点数量按设计图示数量计算。

一、安全监测装置

编　号			10-382	10-383	10-384	10-385	10-386	10-387	10-388	10-389
项　目			可燃气体报警器	智能多点气体报警器	火焰监视器	固定式自动点火装置	自动点火系统	燃烧安全保护装置	漏油检测装置	高阻检测装置
预算基价	总　价(元)		**482.40**	**1280.69**	**1261.57**	**838.10**	**5658.10**	**2316.14**	**1167.58**	**789.73**
	人工费(元)		438.75	1171.80	1154.25	766.80	5192.10	2130.30	1062.45	720.90
	材料费(元)		8.55	15.15	14.98	9.96	50.63	15.42	20.13	11.16
	机械费(元)		35.10	93.74	92.34	61.34	415.37	170.42	85.00	57.67
组成内容		单位	单价	数　量						
人工	综合工	工日	135.00	3.25	8.68	8.55	5.68	38.46	15.78	7.87	5.34
材料	精制螺栓 M10×(20～50)	套	0.67	1	4	4	2	—	2	—	4
	U形螺栓 M10	套	2.29	1	—	—	—	—	—	—	—
	位号牌	个	0.99	1	1	1	1	1	1	1	1
	细白布	m	3.57	0.1	0.1	0.1	0.1	0.2	0.1	0.2	0.2
	电	kW·h	0.73	—	—	—	0.2	0.2	0.5	0.5	—
	棉纱	kg	16.11	—	—	—	—	—	—	0.5	—
	零星材料费	元	—	0.16	0.17	0.17	0.11	0.07	0.12	0.22	0.19
	校验材料费	元	—	4.08	10.95	10.78	7.02	48.71	12.25	9.79	6.59
机械	校验机械使用费	元	—	35.10	93.74	92.34	61.34	415.37	170.42	85.00	57.67

二、工业电视

单位：台

编　号			10-390	10-391	10-392	10-393	10-394	10-395	10-396	10-397
项　目			摄像机安装调试高度（m以内）				摄像机附属设备安装			
			9	20	60	60以上	附照明	附吹扫装置	附冷却装置	附电动转台
预算基价	总　　　价（元）		**634.77**	**700.95**	**765.67**	**896.56**	**102.86**	**321.79**	**329.05**	**611.35**
	人　工　费（元）		577.80	638.55	697.95	818.10	93.15	294.30	301.05	560.25
	材　料　费（元）		10.75	11.32	11.88	13.01	2.26	3.95	3.92	6.28
	机　械　费（元）		46.22	51.08	55.84	65.45	7.45	23.54	24.08	44.82
组　成　内　容	单位	单价	数　　量							
人工	综合工	工日	135.00	4.28	4.73	5.17	6.06	0.69	2.18	2.23	4.15
材料	仪表接头	套	—	—	—	—	—		(3)	(4)	(4)
	精制螺栓 M（6～8）×（20～70）	套	0.50	4	4	4	4	4	4	—	—
	位号牌	个	0.99	1	1	1	1				
	电	kW•h	0.73	0.2	0.2	0.2	0.2	0.2	0.2	0.3	0.4
	真丝绸布 0.9m宽	m	19.67	0.1	0.1	0.1	0.1		—	—	—
	氧气	m³	2.88	—	—	—	—		0.080	0.100	
	乙炔气	kg	14.66	—	—	—	—		0.030	0.040	
	气焊条 D＜2	kg	7.96	—	—	—	—		0.080	0.100	
	细白布	m	3.57	—	—	—	—		0.1	0.2	0.2
	聚四氟乙烯生料带 δ20	m	1.15	—	—	—	—		—	1	—
	零星材料费	元	—	0.23	0.23	0.23	0.23	0.11	0.14	0.17	0.04
	校验材料费	元	—	5.42	5.99	6.55	7.68	—	—	—	5.23
机械	校验机械使用费	元	—	46.22	51.08	55.84	65.45	7.45	23.54	24.08	44.82

80

単位：台

编 号				10-398	10-399	10-400	10-401	10-402	10-403	10-404
项 目				显示器安装调试			辅助设备安装			
				台装	棚顶吊装	盘装	操作器	分配器	补偿器	切换器
预算基价	总 价(元)			**1467.88**	**1735.24**	**1533.62**	**104.51**	**104.51**	**47.11**	**66.24**
	人 工 费(元)			1341.90	1586.25	1401.30	95.85	95.85	43.20	60.75
	材 料 费(元)			18.63	22.09	20.22	0.99	0.99	0.45	0.63
	机 械 费(元)			107.35	126.90	112.10	7.67	7.67	3.46	4.86
组 成 内 容		单位	单价	数 量						
人工	综合工	工日	135.00	9.94	11.75	10.38	0.71	0.71	0.32	0.45
材料	真丝绸布 0.9m宽	m	19.67	0.3	0.3	0.3	—	—	—	—
	精制螺栓 M(6~8)×(20~70)	套	0.50	—	2	2	—	—	—	—
	电	kW•h	0.73	—	0.2	—	—	—	—	—
	零星材料费	元	—	0.27	0.33	0.33	—	—	—	—
	校验材料费	元	—	12.46	14.71	12.99	0.99	0.99	0.45	0.63
机械	校验机械使用费	元	—	107.35	126.90	112.10	7.67	7.67	3.46	4.86

81

三、远 动 装 置

编　号			10-405	10-406	10-407	10-408	10-409
项　目			输入输出点（点以内）				
			60	100	300	500	1000
预算基价	总　价(元)		**6034.92**	**7415.59**	**14277.74**	**20009.44**	**28614.36**
	人 工 费(元)		5535.00	6801.30	13095.00	18351.90	26244.00
	材 料 费(元)		57.12	70.19	135.14	189.39	270.84
	机 械 费(元)		442.80	544.10	1047.60	1468.15	2099.52
组 成 内 容	单位	单价	数　量				
人工	综合工	工日	135.00	41.00	50.38	97.00	135.94	194.40
材料	校验材料费	元	—	57.12	70.19	135.14	189.39	270.84
机械	校验机械使用费	元	—	442.80	544.10	1047.60	1468.15	2099.52

四、顺序控制装置

编　号			10-410	10-411	10-412	10-413	10-414	10-415	10-416	10-417
项　目			继电连锁保护系统（事故点以内）					矩阵编程逻辑监控装置（点以内）		
			2	6	10	20	30	16	32	64
预算基价	总　　　价（元）		**303.82**	**1174.30**	**1851.08**	**3511.22**	**5990.74**	**2057.63**	**3341.75**	**5192.07**
	人　工　费（元）		278.10	1074.60	1692.90	3213.00	5485.05	1888.65	3067.20	4765.50
	材　料　费（元）		3.47	13.73	22.75	41.18	66.89	17.89	29.17	45.33
	机　械　费（元）		22.25	85.97	135.43	257.04	438.80	151.09	245.38	381.24
组　成　内　容	单位	单价	数　　　量							
人工	综合工	工日	135.00	2.06	7.96	12.54	23.80	40.63	13.99	22.72	35.30
材料	线号套管	m	1.12	0.03	0.08	0.15	0.32	0.48	0.15	0.35	0.55
	电	kW·h	0.73	0.05	0.10	0.15	0.20	0.35	—	—	—
	松香焊锡丝 D2	m	4.13	0.01	0.03	0.06	0.10	0.20	—	—	—
	铁砂布 0#～2#	张	1.15	0.2	0.4	1.0	2.0	2.5			
	乙醇	kg	9.69	0.05	0.08	0.10	0.15	0.25			
	真丝绸布 0.9m宽	m	19.67	—	0.1	0.2	0.3	0.4			
	零星材料费	元	—	0.03	0.15	0.29	0.46	0.64			
	校验材料费	元	—	2.61	10.09	15.88	30.15	51.47	17.72	28.78	44.71
机械	校验机械使用费	元	—	22.25	85.97	135.43	257.04	438.80	151.09	245.38	381.24

编　　号			10-418	10-419	10-420	10-421	10-422
项　　目			插件式逻辑监控装置（点以内）		凸轮式顺控装置	气动顺序控制器	智能顺序控制器
			32	64			
预算基价	总　　价（元）		**5460.96**	**8833.47**	**2725.98**	**2378.03**	**2752.44**
	人　工　费（元）		5012.55	8108.10	2494.80	2124.90	2525.85
	材　料　费（元）		47.41	76.72	31.60	25.37	24.52
	机　械　费（元）		401.00	648.65	199.58	227.76	202.07
组　成　内　容		单位	单价		数　　　量		
人工	综合工	工日	135.00	37.13	60.06	18.48	15.74	18.71

组　成　内　容		单位	单价	10-418	10-419	10-420	10-421	10-422
材料	仪表接头	套	—	—	—	—	(20)	—
	线号套管	m	1.12	0.35	0.58	0.15	—	0.20
	精制螺栓 M(6～8)×(20～70)	套	0.50	—	—	4	2	—
	真丝绸布 0.9m宽	m	19.67	—	—	0.2	—	—
	铁砂布 0#～2#	张	1.15	—	—	1.0	—	—
	细白布	m	3.57	—	—	0.2	0.2	0.2
	聚四氟乙烯生料带 δ20	m	1.15	—	—	—	1.82	—
	标签纸（综合）	m	11.76	—	—	—	0.12	—
	校验材料费	元	—	47.02	76.07	23.24	19.77	23.53
	零星材料费	元	—	—	—	0.39	0.38	0.05
机械	电动空气压缩机 0.6m³	台班	38.51	—	—	—	1.5	—
	校验机械使用费	元	—	401.00	648.65	199.58	169.99	202.07

五、信号报警装置

编　号			10-423	10-424	10-425	10-426	10-427	10-428	10-429	10-430
项　目			继电线路报警系统（点以内）				微机多功能组件式报警装置（报警回路或点以内）			
			4	10	20	30	4	8	16	24
预算基价	总　　价(元)		**432.96**	**777.38**	**1346.28**	**2177.04**	**535.20**	**669.65**	**929.24**	**1424.68**
	人　工　费(元)		395.55	708.75	1225.80	1984.50	488.70	611.55	849.15	1301.40
	材　料　费(元)		5.77	11.93	22.42	33.78	7.40	9.18	12.16	19.17
	机　械　费(元)		31.64	56.70	98.06	158.76	39.10	48.92	67.93	104.11
组　成　内　容	单位	单价	数　　量							
人工	综合工	工日	135.00	2.93	5.25	9.08	14.70	3.62	4.53	6.29	9.64
材料	绝缘导线 BV1.5	m	1.05	0.50	1.00	2.00	3.00	0.50	1.00	1.50	2.00
	线号套管	m	1.12	0.09	0.12	0.25	0.45	0.04	0.10	0.18	0.26
	真丝绸布 0.9m宽	m	19.67	0.04	0.07	0.10	0.15	0.10	0.10	0.10	0.20
	乙醇	kg	9.69	0.05	0.10	0.40	0.50	—	—	—	—
	松香焊锡丝 $D2$	m	4.13	0.02	0.08	0.10	0.15	0.05	0.05	0.08	0.10
	电	kW·h	0.73	—	0.1	0.2	0.3	—	—	—	—
	铁砂布 $0^{\#} \sim 2^{\#}$	张	1.15	—	1.0	1.5	2.0	—	—	—	—
	零星材料费	元	—	0.08	0.20	0.42	0.58	0.12	0.14	0.16	0.27
	校验材料费	元	—	3.71	6.65	11.49	18.61	4.54	5.70	7.93	12.16
机械	校验机械使用费	元	—	31.64	56.70	98.06	158.76	39.10	48.92	67.93	104.11

编　号			10-431	10-432	10-433	10-434	10-435	10-436	10-437	10-438
项　目			微机多功能组件式报警装置（报警回路或点以内）				微机自容式	单回路闪光报警器（报警回路点）		八回路闪光报警器
			40	48	64	容量扩展（每增4点）	报警装置（12点）	1点以内	每增1点	
预算基价	总　　价(元)		**1904.19**	**2224.07**	**3236.35**	**163.69**	**999.47**	**138.99**	**60.68**	**549.40**
	人　工　费(元)		1740.15	2031.75	2957.85	149.85	908.55	126.90	55.35	502.20
	材　料　费(元)		24.83	29.78	41.87	1.85	18.24	1.94	0.90	7.02
	机　械　费(元)		139.21	162.54	236.63	11.99	72.68	10.15	4.43	40.18
组　成　内　容		单位	单价	数　量						
人工	综合工	工日	135.00	12.89	15.05	21.91	1.11	6.73	0.94	0.41	3.72
材料	绝缘导线 BV1.5	m	1.05	3.00	3.00	4.00	0.05	1.00	0.10	0.04	—
	线号套管	m	1.12	0.40	0.50	0.68	0.04	0.30	0.06	0.04	0.09
	真丝绸布 0.9m宽	m	19.67	0.20	0.30	0.40	0.01	0.10	0.02	0.01	0.10
	松香焊锡丝 D2	m	4.13	0.15	0.18	0.20	—	0.05	0.04	0.02	0.05
	接地线 5.5~16mm²	m	5.16	—	—	—	—	1	—	—	—
	零星材料费	元	—	0.32	0.41	0.55	0.01	1.04	0.03	0.01	0.10
	校验材料费	元	—	16.36	19.02	27.66	1.55	8.48	1.18	0.52	4.65
机械	校验机械使用费	元	—	139.21	162.54	236.63	11.99	72.68	10.15	4.43	40.18

编　号			10-439	10-440	10-441	10-442	10-443	10-444
项　目			报警装置柜、箱及组件、元件					
			继电器柜安装	继电器箱安装	组件机箱	电源装置	可编程多音蜂鸣器	现场安装音响设备
预算基价	总　　价(元)		**1449.85**	**995.15**	**138.16**	**400.38**	**217.10**	**59.93**
	人　工　费(元)		1286.55	889.65	114.75	356.40	195.75	51.30
	材　料　费(元)		60.38	34.33	14.23	15.47	5.69	4.53
	机　械　费(元)		102.92	71.17	9.18	28.51	15.66	4.10
组　成　内　容	单位	单价	数　　　　量					
人工 综合工	工日	135.00	9.53	6.59	0.85	2.64	1.45	0.38
材料 垫铁	kg	8.61	1.5	—	—	—	—	—
精制螺栓 M(6～8)×(20～70)	套	0.50	—	—	—	—	—	2
精制螺栓 M10×(20～50)	套	0.67	8	—	—	—	—	—
膨胀螺栓 M10	套	1.53	—	4	—	—	—	—
绝缘导线 BV1.5	m	1.05	4.0	2.5	—	2.0	2.0	0.5
接地线 5.5～16mm²	m	5.16	1	1	1	1	—	—
线号套管	m	1.12	0.15	0.10	—	0.07	0.10	0.03
电	kW·h	0.73	1.8	2.5	—	—	—	0.5
标签纸（综合）	m	11.76	0.25	0.09	0.25	0.15	0.03	—
真丝绸布 0.9m宽	m	19.67	0.30	0.10	0.10	0.05	0.05	0.02
棉纱	kg	16.11	0.3	0.2	—	—	—	—
乙醇	kg	9.69	0.3	0.1	0.2	—	—	0.1
松香焊锡丝 D2	m	4.13	0.15	0.10	—	—	0.05	0.02
位号牌	个	0.99	—	1	—	1	—	1
零星材料费	元	—	2.27	1.69	1.22	1.13	0.14	0.17
校验材料费	元	—	11.79	8.18	1.00	3.26	1.80	—
机械 校验机械使用费	元	—	102.92	71.17	9.18	28.51	15.66	4.10

六、数据采集及巡回检测报警装置

单位：套

编　　号				10-445	10-446	10-447	10-448	10-449	10-450	10-451
项　　目				过程点(I/O点以内)						
				40	60	100	200	300	400	600
预算基价	总　　　价(元)			**870.24**	**1167.32**	**1349.69**	**2302.67**	**3095.37**	**4066.01**	**5363.38**
	人　工　费(元)			795.15	1067.85	1235.25	2110.05	2837.70	3728.70	4919.40
	材　料　费(元)			11.48	14.04	15.62	23.82	30.65	39.01	50.43
	机　械　费(元)			63.61	85.43	98.82	168.80	227.02	298.30	393.55
组　成　内　容		单位	单价	数　　　量						
人工	综合工	工日	135.00	5.89	7.91	9.15	15.63	21.02	27.62	36.44
材料	真丝绸布 0.9m宽	m	19.67	0.2	0.2	0.2	0.2	0.2	0.2	0.2
	零星材料费	元	—	0.18	0.18	0.18	0.18	0.18	0.18	0.18
	校验材料费	元	—	7.37	9.93	11.51	19.71	26.54	34.90	46.32
机械	校验机械使用费	元	—	63.61	85.43	98.82	168.80	227.02	298.30	393.55

第五章　工业计算机安装与调试

说　明

一、本章适用范围：

1. 工业计算机设备安装与调试：机柜、台柜、外部设备、辅助存储安装调试。

2. 管理计算机调试：过程控制计算机硬件及功能调试、生产管理计算机硬件及功能调试。

3. 基础自动化装置调试：集散系统(DCS)调试、可编程逻辑控制装置(PLC)调试、直接数字控制系统(DDC)调试、I/O 卡测试、现场总线控制系统(FCS)安装调试。

二、本章各预算基价子目包括以下工作内容：

1. 工业计算机设备安装：准备、开箱、清点、运输、就位、设备元件检查、风机温控、电源部分检查、自检及校接线、外部设备功能测试、场地消磁、接地、安装检查记录等。

2. 管理计算机调试：准备、常规检查、输入输出通道检查；系统软件装载、复原调试；时钟调整和中断检查、功能检查处理、保护功能及可靠性、可维护性检查和综合检查、检查调试记录。此外，还包括如下工作内容：

(1) 生产管理计算机系统、生产计划平衡、物料跟踪、生产实绩信息、调度指挥、仓库管理、技术信息、指令下达、管理优化及通信功能等主程序及子程序运行、测试、排错。

(2) 过程控制管理计算机系统：生产数据信息处理、数据库管理、生产过程监控、数学模型实现、生产实绩、故障自诊及排障、质量保证、最优控制实现与上级及基础自动化接口、通信功能等测试和实时运行、排错。

3. 基础自动化装置调试：准备、硬件测试、常规检查、程序装载、组态内容或程序功能检查、应用功能检查、回路试验。可编程仪表包括安装。DCS、PLC 通信网络系统可用及维护功能检查、系统环境功能调试、I/O 卡输入、输出信号检查、调试。直接数字控制(DDC)输入、输出转换功能、操作功能、回路试验等全部调试工作内容。

4. 现场总线控制系统：技术准备、硬件测试、常规检查、程序装载、组态内容或程序检查、设定、排错、应用功能、通信功能检查、回路试验。此外，还包括总线仪表安装，总线仪表按设计组态、设定；通信网络过程接口、总线服务器、网桥、总线电源、电源阻抗器安装和调整工作。

三、本章各预算基价子目不包括以下工作内容：

1. 支架、支座、基础制作、安装。

2. 控制室空调、照明和地板安装。

3. 软件生成或系统组态。

4. 设备因质量问题的修、配、改。

四、标准机柜尺寸为(600～900)×800×(2100～2200)(宽×深×高)，其他为非标准。

五、计算机系统应是合格的硬件和成熟的软件，对拆除再安装的旧设备应是完好的。

六、工业计算机项目的设置适用多级控制，基础自动化作为第一级现场控制级；过程控制管理计算机作为多级控制的第二级监控级；生产管理计算机作为第三级和第四级车间和工厂级。工程量计算按所带终端多少计算。终端是指智能设备,打印机、拷贝机等不作为终端。

七、通用计算机安装是为PC机设置的,其安装方式不同于固定在底座或基础上的操作站和控制站,整套安装包括操作台柜、主机、键盘、显示器、打印机的运输、安装及校接线工作。

八、通信总线是基础自动化的主要组成部分,工程量计算以设备共享的通信网络为一套计算。范围包括通信系统所能覆盖的最大距离和通信网络所能连接的最大结点数。对于大规模DCS通信总线分为设备级总线和管理级总线,设备级总线为直接控制级总线,管理级总线为过程控制管理级总线,工程量计算应加以区分。

九、现场总线控制系统的核心是现场总线。本册基价采用现场总线基金会(FF)的FF总线。现场总线H1为低速总线,H2为高速总线。现场总线仪表是现场的节点设备,具有网络主站的能力,兼有PID等多种功能。除此之外,凡可挂在现场总线并与之通信的智能仪表,也可以作为总线仪表。

十、直接数字控制系统,是根据各个被控变量的给定值和测量的数值按一定的算法,直接对生产过程几个或几十个控制回路进行在线闭环控制。系统是独立的,但可以挂在DCS的总线上作为DCS的一个结点。

工程量计算规则

一、工业计算机柜、台设备依据其名称、类型、规格按设计图示数量计算(非标准机柜按其半周长计算)。

二、工业计算机外部设备依据其名称、类型、功能按设计图示数量计算。

三、辅助存储装置依据其名称、类型、规格按设计图示数量计算。

四、过程控制管理计算机依据其名称、类型、规模按设计图示数量计算。

五、生产、经营管理计算机依据其名称、类型、规模按设计图示数量计算。

六、管理计算机双切换装置依据其名称、功能按设计图示数量计算。

七、管理计算机网络设备依据其名称、功能按设计图示数量计算。

八、小规模(DCS)依据其名称、类型、功能按设计图示数量计算。

九、中规模(DCS)依据其名称、类型、功能、回路数量按设计图示数量计算。

十、大规模(DCS)依据其名称、功能、回路数量按设计图示数量计算。

十一、可编程逻辑控制装置(PLC)依据其名称、点数量按设计图示数量计算。

十二、操作站及数据通信网络依据其名称、类型、功能按设计图示数量计算。

十三、过程I/O组件、与其他设备接口依据其名称、类型按设计图示数量计算。

十四、直接数字控制系统(DDC)依据其名称、点数量按设计图示数量计算。

十五、现场总线(FCS)、操作站(FCS)依据其名称、功能按设计图示数量计算。

十六、现场总线仪表依据其名称、类型、功能按设计图示数量计算。

一、工业计算机设备安装与调试

1.计算机柜、台设备安装

编　　号			10-452	10-453	10-454	10-455	10-456	10-457
项　　目			标准机柜 （台）	非标准机柜 （m）	操作显示 报警台柜 （台）	通用计算机 及台柜 （台）	编组柜 （台）	组件柜 （台）
预算基价	总　　价（元）		**2621.16**	**2322.10**	**2993.51**	**375.45**	**2920.76**	**1902.83**
	人　工　费（元）		2169.45	1896.75	2494.80	310.50	2444.85	1517.40
	材　料　费（元）		99.02	94.48	120.00	14.03	101.19	84.91
	机　械　费（元）		352.69	330.87	378.71	50.92	374.72	300.52
组　成　内　容		单位	单价	数　　量				
人工	综合工	工日	135.00	16.07	14.05	18.48	2.30	18.11	11.24
材 料	接地母线	m	13.16	0.65	0.65	0.65	—	0.65	0.65
	垫铁	kg	8.61	1.0	0.6	1.2	—	1.0	1.0
	精制螺栓 M10×（20～50）	套	0.67	8	8	10	—	8	8
	接地线 5.5～16mm²	m	5.16	3	3	3	1	1	1
	软橡胶板	m²	23.19	0.8	0.8	0.8	—	0.8	0.8
	清洁剂	kg	4.70	0.3	0.3	0.5	0.5	—	—
	螺栓绝缘外套	个	0.24	6	6	12	—	6	6
	电	kW·h	0.73	1.0	1.5	1.5	1.0	1.5	1.5
	细白布	m	3.57	0.3	0.3	0.3	0.2	0.2	0.2
	棉纱	kg	16.11	0.5	0.5	0.5	—	0.5	0.5
	真丝绸布 0.9m宽	m	19.67	0.2	0.2	0.3	—	0.2	0.2
	铁砂布 0#～2#	张	1.15	1.5	1.5	1.5	—	1.0	1.0
	麻绳 D12	m	0.93	1.1	1.1	1.1	—	1.1	1.1
	塑料布	m²	1.96	4	4	5	2	4	4
	标签纸（综合）	m	11.76	—	—	1.1	—	0.6	0.2
	线号套管	m	1.12	—	—	—	—	0.50	0.34
	零星材料费	元	—	6.88	6.80	7.98	1.16	5.37	5.12
	校验材料费	元	—	8.36	6.97	5.57	—	16.72	5.57
机 械	载货汽车 8t	台班	521.59	0.12	0.12	0.12	0.05	0.12	0.12
	汽车式起重机 16t	台班	971.12	0.12	0.12	0.12	—	0.12	0.12
	校验机械使用费	元	—	173.56	151.74	199.58	24.84	195.59	121.39

2.外部设备安装调试

单位：台

编　号		10-458	10-459	10-460	10-461	10-462	10-463	10-464	10-465
项　目		打印机				彩色硬拷贝机	打印机拷贝机选择器	CRT式编程器组态器、终端器	通信控制器安装
		激光台式	激光柜式	喷墨	普通				
预算基价	总　　价(元)	**212.15**	**265.50**	**265.50**	**212.15**	**265.50**	**205.96**	**306.32**	**43.95**
	人　工　费(元)	180.90	218.70	218.70	180.90	218.70	171.45	283.50	40.50
	材　料　费(元)	8.43	8.43	8.43	8.43	8.43	12.44	0.14	0.21
	机　械　费(元)	22.82	38.37	38.37	22.82	38.37	22.07	22.68	3.24

组 成 内 容		单位	单价	数　　　量							
人工	综合工	工日	135.00	1.34	1.62	1.62	1.34	1.62	1.27	2.10	0.30
材料	清洁剂	kg	4.70	0.3	0.3	0.3	0.3	0.3	—	—	—
	接地线 5.5~16mm²	m	5.16	0.8	0.8	0.8	0.8	0.8	0.8	—	—
	真丝绸布 0.9m宽	m	19.67	0.1	0.1	0.1	0.1	0.1	0.1	—	—
	绝缘导线 BV1.5	m	1.05	—	—	—	—	—	5	—	—
	零星材料费	元	—	0.86	0.86	0.86	0.86	0.86	0.98	—	0.21
	校验材料费	元	—	0.06	0.06	0.06	0.06	0.06	0.11	0.14	—
机械	载货汽车 4t	台班	417.41	0.02	0.05	0.05	0.02	0.05	0.02	—	—
	校验机械使用费	元	—	14.47	17.50	17.50	14.47	17.50	13.72	22.68	3.24

3.辅助存储装置安装调试

单位：台

编　号			10-466	10-467	10-468	10-469	10-470
项　目			软盘驱动装置	硬盘（容量）		光盘（容量）	
				M级	G级	M级	G级
预算基价	总　价（元）		**756.97**	**1755.02**	**2735.59**	**3120.78**	**3538.16**
	人　工　费（元）		696.60	1620.00	2527.20	2883.60	3269.70
	材　料　费（元）		4.64	5.42	6.21	6.49	6.88
	机　械　费（元）		55.73	129.60	202.18	230.69	261.58
组　成　内　容	单位	单价	数　　量				
人工	综合工	工日	135.00	5.16	12.00	18.72	21.36	24.22
材料	真丝绸布 0.9m宽	m	19.67	0.2	0.2	0.2	0.2	0.2
	零星材料费	元	—	0.18	0.18	0.18	0.18	0.18
	校验材料费	元	—	0.53	1.31	2.10	2.38	2.77
机械	校验机械使用费	元	—	55.73	129.60	202.18	230.69	261.58

二、管理计算机调试

1.过程控制管理计算机调试

编 号			10-471	10-472	10-473	10-474	10-475	10-476	10-477	10-478
项 目			控制计算机硬件检查调试(终端 台以内)				控制计算机功能调试(终端 台以内)			
			5	8	12	15	5	8	12	15
预算基价	总 价(元)		**4565.67**	**7551.84**	**9835.38**	**14150.67**	**31231.75**	**38784.97**	**53439.13**	**72458.35**
	人 工 费(元)		4212.00	6966.00	9072.00	13051.80	28803.60	35769.60	49284.45	66825.00
	材 料 费(元)		16.71	28.56	37.62	54.73	123.86	153.80	211.92	287.35
	机 械 费(元)		336.96	557.28	725.76	1044.14	2304.29	2861.57	3942.76	5346.00
组 成 内 容		单位	单价	数 量						
人工	综合工	工日	135.00	31.20	51.60	67.20	96.68	213.36	264.96	365.07	495.00
材料	校验材料费	元	—	16.71	28.56	37.62	54.73	123.86	153.80	211.92	287.35
机械	校验机械使用费	元	—	336.96	557.28	725.76	1044.14	2304.29	2861.57	3942.76	5346.00

2.生产、经营管理计算机调试

单位：台

编　号			10-479	10-480	10-481	10-482	10-483	10-484	10-485	10-486
项　目			生产管理计算机硬件检查调试(终端 台以内)				生产管理计算机功能调试(终端 台以内)			
			5	8	12	15	5	8	12	15
预算基价	总　价(元)		**4347.50**	**6591.51**	**8875.05**	**12461.37**	**35974.48**	**54903.57**	**66580.42**	**79543.74**
	人　工　费(元)		4009.50	6079.05	8185.05	11492.55	33177.60	50641.20	61411.50	73368.45
	材　料　费(元)		17.24	26.14	35.20	49.42	142.67	211.07	256.00	305.81
	机　械　费(元)		320.76	486.32	654.80	919.40	2654.21	4051.30	4912.92	5869.48
组　成　内　容	单位	单价	数　　量							
人工 综合工	工日	135.00	29.70	45.03	60.63	85.13	245.76	375.12	454.90	543.47
材料 校验材料费	元	—	17.24	26.14	35.20	49.42	142.67	211.07	256.00	305.81
机械 校验机械使用费	元	—	320.76	486.32	654.80	919.40	2654.21	4051.30	4912.92	5869.48

98

3.双机切换及网络设备服务器调试

编 号			10-487	10-488	10-489	10-490	10-491
项 目			双机切换装置			网络设备安装调试	
			自动	半自动	手动	服务器	调制解调器
预 算 基 价	总 价(元)		**2452.58**	**2277.38**	**2014.59**	**1489.02**	**1065.15**
	人 工 费(元)		2268.00	2106.00	1863.00	1377.00	985.50
	材 料 费(元)		3.14	2.90	2.55	1.86	0.81
	机 械 费(元)		181.44	168.48	149.04	110.16	78.84
组 成 内 容	单位	单价	数 量				
人 工	综合工	工日	135.00	16.80	15.60	13.80	10.20	7.30
材 料	校验材料费	元	—	3.14	2.90	2.55	1.86	0.81
机 械	校验机械使用费	元	—	181.44	168.48	149.04	110.16	78.84

三、基础自动化装置调试

1. 集散系统（DCS）调试

（1）小规模（DCS）安装调试

单位：台

编　号			10-492	10-493	10-494	10-495	10-496	10-497	10-498	10-499
项　目			固定程序 单回路调节器	可编程仪表			多功能可编程仪表			
				单回路调节器	运算器	记录仪	记录仪	选择调节器	调节器	四回路调节器
预算基价	总　价（元）		**833.96**	**1026.86**	**737.80**	**834.93**	**1317.41**	**1700.85**	**1196.81**	**2086.57**
	人　工　费（元）		760.05	932.85	672.30	760.05	1206.90	1559.25	1096.20	1912.95
	材　料　费（元）		13.11	19.38	11.72	14.08	13.96	16.86	12.91	20.58
	机　械　费（元）		60.80	74.63	53.78	60.80	96.55	124.74	87.70	153.04
组　成　内　容		单位	单价	数　　量						
人工	综合工	工日	135.00	5.63	6.91	4.98	5.63	8.94	11.55	8.12	14.17
材料	真丝绸布 0.9m宽	m	19.67	0.1	0.1	0.1	0.1	0.1	0.1	0.1	0.1
	铁砂布 0#～2#	张	1.15	0.5	0.5	0.5	0.5	0.5	0.5	0.5	0.5
	零星材料费	元	—	0.12	0.12	0.12	0.12	0.12	0.12	0.12	0.12
	校验材料费	元	—	10.45	16.72	9.06	11.42	11.30	14.20	10.25	17.92
机械	校验机械使用费	元	—	60.80	74.63	53.78	60.80	96.55	124.74	87.70	153.04

编　号				10-500	10-501	10-502
项　目				现场控制器/ 数据采集单元 I/O点32点以内	过程操作站	低速通信网络
预算基价	总　价(元)			**2678.26**	**2738.31**	**1405.53**
	人　工　费(元)			2469.15	2524.50	1296.00
	材　料　费(元)			11.58	11.85	5.85
	机　械　费(元)			197.53	201.96	103.68
组 成 内 容		单位	单价	数　　量		
人工	综合工	工日	135.00	18.29	18.70	9.60
材料	校验材料费	元	—	11.58	11.85	5.85
机械	校验机械使用费	元	—	197.53	201.96	103.68

(2) 中规模(DCS)调试

单位：套

编　号			10-503	10-504	10-505	10-506	10-507	10-508	10-509	10-510	10-511
项　目			控制单元(回路以内)			数据采集监视单元	基本型操作站	复合多功能操作站	辅助操作站	工程技术站	控制级中速通信网络
			8	16	32						
预算基价	总　　价(元)		**5396.07**	**7807.82**	**9951.60**	**8611.74**	**5576.18**	**7080.05**	**3827.76**	**1594.66**	**3028.24**
	人　工　费(元)		4974.75	7198.20	9174.60	7939.35	5140.80	6527.25	3528.90	1470.15	2791.80
	材　料　费(元)		23.34	33.76	43.03	37.24	24.12	30.62	16.55	6.90	13.10
	机　械　费(元)		397.98	575.86	733.97	635.15	411.26	522.18	282.31	117.61	223.34
组　成　内　容	单位	单价	数　　量								
人工	综合工	工日	135.00	36.85	53.32	67.96	58.81	38.08	48.35	26.14	10.89	20.68
材料	校验材料费	元	—	23.34	33.76	43.03	37.24	24.12	30.62	16.55	6.90	13.10
机械	校验机械使用费	元	—	397.98	575.86	733.97	635.15	411.26	522.18	282.31	117.61	223.34

编　号				10-512	10-513	10-514	10-515	10-516	10-517	10-518	10-519
项　　目				过程控制站（回路以内）				双重化控制站			
				16	32	50	80	16	32	50	80
预算基价	总　　价(元)			**9873.99**	**11615.09**	**14581.82**	**20061.33**	**10869.74**	**13337.14**	**16839.83**	**21071.73**
	人　工　费(元)			9103.05	10708.20	13443.30	18495.00	10021.05	12295.80	15525.00	19426.50
	材　料　费(元)			42.70	50.23	63.06	86.73	47.01	57.68	72.83	91.11
	机　械　费(元)			728.24	856.66	1075.46	1479.60	801.68	983.66	1242.00	1554.12
组　成　内　容		单位	单价	数　　　　量							
人工	综合工	工日	135.00	67.43	79.32	99.58	137.00	74.23	91.08	115.00	143.90
材料	校验材料费	元	—	42.70	50.23	63.06	86.73	47.01	57.68	72.83	91.11
机械	校验机械使用费	元	—	728.24	856.66	1075.46	1479.60	801.68	983.66	1242.00	1554.12

编　号			10-520	10-521	10-522	10-523	10-524	10-525	10-526	10-527	10-528	10-529
项　目			高分散控制站		监视站/数据采集站	基本型操作站	辅助操作站	复合多功能操作站	工程技术站	数据库站	控制级通信网络	管理级通信网络
			8回路	扩展单元								
预算基价	总　价（元）		**7711.18**	**4214.33**	**9912.07**	**7883.97**	**4898.20**	**9147.69**	**2255.07**	**2899.38**	**4593.51**	**2473.43**
	人　工　费（元）		7109.10	3885.30	9138.15	7268.40	4515.75	8433.45	2079.00	2673.00	4247.10	2286.90
	材　料　费（元）		33.35	18.21	42.87	34.10	21.19	39.56	9.75	12.54	6.64	3.58
	机　械　费（元）		568.73	310.82	731.05	581.47	361.26	674.68	166.32	213.84	339.77	182.95
组　成　内　容	单位	单价	数　　量									
人工 综合工	工日	135.00	52.66	28.78	67.69	53.84	33.45	62.47	15.40	19.80	31.46	16.94
材料 校验材料费	元	—	33.35	18.21	42.87	34.10	21.19	39.56	9.75	12.54	6.64	3.58
机械 校验机械使用费	元	—	568.73	310.82	731.05	581.47	361.26	674.68	166.32	213.84	339.77	182.95

104

2.可编程逻辑控制装置（PLC）调试
（1）小规模（PLC）调试

单位：套

编　号			10-530	10-531	10-532	10-533
项　目			过程控制I/O点（点以内）			
			24	48	64	128
预算基价	总　　价(元)		**1913.89**	**4018.13**	**5357.99**	**6506.03**
	人　工　费(元)		1764.45	3704.40	4939.65	5998.05
	材　料　费(元)		8.28	17.38	23.17	28.14
	机　械　费(元)		141.16	296.35	395.17	479.84
组　成　内　容	单位	单价	数　　量			
人工	综合工	工日	135.00	13.07	27.44	36.59	44.43
材料	校验材料费	元	—	8.28	17.38	23.17	28.14
机械	校验机械使用费	元	—	141.16	296.35	395.17	479.84

（2）中规模（PLC）调试

单位：套

编　号				10-534	10-535	10-536
项　目				过程控制I/O点（点以内）		
				256	512	1024
预算基价	总　价（元）			**7654.07**	**8993.94**	**10524.17**
	人　工　费（元）			7056.45	8291.70	9702.45
	材　料　费（元）			33.10	38.90	45.52
	机　械　费（元）			564.52	663.34	776.20
组　成　内　容		单位	单价	数　量		
人工	综合工	工日	135.00	52.27	61.42	71.87
材料	校验材料费	元	—	33.10	38.90	45.52
机械	校验机械使用费	元	—	564.52	663.34	776.20

(3) 大规模(PLC)调试

单位：套

编　　号				10-537	10-538	10-539
项　　目				过程控制I/O点（点以内）		
				2048	4096	8192
预算基价	总　　　价(元)			**12247.67**	**13777.90**	**16457.63**
	人　工　费(元)			11291.40	12702.15	15172.65
	材　料　费(元)			52.96	59.58	71.17
	机　械　费(元)			903.31	1016.17	1213.81
组 成 内 容		单位	单价	数　　　量		
人工	综合工	工日	135.00	83.64	94.09	112.39
材料	校验材料费	元	—	52.96	59.58	71.17
机械	校验机械使用费	元	—	903.31	1016.17	1213.81

3.操作站及数据通信网络

编　号			10-540	10-541	10-542	10-543
项　目			操作站		数据通道	
			过程操作站	技术工作站	低速	高速
预算基价	总　价(元)		**6765.22**	**4510.15**	**2577.23**	**4349.07**
	人 工 费(元)		6237.00	4158.00	2376.00	4009.50
	材 料 费(元)		29.26	19.51	11.15	18.81
	机 械 费(元)		498.96	332.64	190.08	320.76
组 成 内 容		单位	单价	数　量		
人工	综合工	工日	135.00	46.20	30.80	17.60	29.70
材料	校验材料费	元	—	29.26	19.51	11.15	18.81
机械	校验机械使用费	元	—	498.96	332.64	190.08	320.76

4.过程I/O组件调试

编　号			10-544	10-545	10-546
项　目			脉冲量 （点）	模拟量 （点）	数字量（每组8点） （组）
预算基价	总　价(元)		**143.09**	**138.71**	**140.17**
	人　工　费(元)		132.30	128.25	129.60
	材　料　费(元)		0.21	0.20	0.20
	机　械　费(元)		10.58	10.26	10.37
组　成　内　容	单位	单价	数　　量		
人工	综合工	工日	135.00	0.98	0.95	0.96
材料	校验材料费	元	—	0.21	0.20	0.20
机械	校验机械使用费	元	—	10.58	10.26	10.37

5.与其他设备接口调试

编 号				10-547	10-548	10-549
项 目				脉冲量 （点）	模拟量 （点）	数字量（每组8点） （组）
预算基价	总 价（元）			**84.68**	**74.47**	**80.31**
	人 工 费（元）			78.30	68.85	74.25
	材 料 费（元）			0.12	0.11	0.12
	机 械 费（元）			6.26	5.51	5.94
组 成 内 容		单位	单价	数 量		
人工	综合工	工日	135.00	0.58	0.51	0.55
材料	校验材料费	元	—	0.12	0.11	0.12
机械	校验机械使用费	元	—	6.26	5.51	5.94

6.直接数字控制系统（DDC）调试

单位：套

编 号			10-550	10-551	10-552	10-553	10-554	10-555
项 目			过程I/O点（点以内）					
			24	48	64	128	256	512
预算基价	总 价（元）		3061.92	5931.62	9954.53	12342.86	16265.80	21433.44
	人 工 费（元）		2822.85	5468.85	9177.30	11379.15	14995.80	19759.95
	材 料 费（元）		13.24	25.26	43.05	53.38	70.34	92.69
	机 械 费（元）		225.83	437.51	734.18	910.33	1199.66	1580.80
组 成 内 容	单位	单价	数 量					
人工 综合工	工日	135.00	20.91	40.51	67.98	84.29	111.08	146.37
材料 校验材料费	元	—	13.24	25.26	43.05	53.38	70.34	92.69
机械 校验机械使用费	元	—	225.83	437.51	734.18	910.33	1199.66	1580.80

7.现场总线控制系统(FCS)安装调试

(1) 现场总线、操作站调试

单位：套

编 号			10-556	10-557	10-558	10-559
项 目			现场总线		辅助操作站	多功能操作站
			低速H1	中速H2		
预算基价	总 价(元)		**3739.94**	**6403.89**	**3149.41**	**5423.98**
	人 工 费(元)		3462.75	5929.20	2916.00	5022.00
	材 料 费(元)		0.17	0.35	0.13	0.22
	机 械 费(元)		277.02	474.34	233.28	401.76
组 成 内 容	单位	单价	数 量			
人工 综合工	工日	135.00	25.65	43.92	21.60	37.20
材料 校验材料费	元	—	0.17	0.35	0.13	0.22
机械 校验机械使用费	元	—	277.02	474.34	233.28	401.76

（2）现场总线仪表安装调试

单位：台

编　号			10-560	10-561	10-562	10-563	10-564
项　目			压力/差压变送控制器	温度变送控制器	网络接口		总线安全栅
					电流转换器	气动转换器	
预算基价	总　　价(元)		**2179.60**	**1286.51**	**532.84**	**679.18**	**92.69**
	人　工　费(元)		1971.00	1148.85	476.55	553.50	85.05
	材　料　费(元)		50.92	45.75	18.17	22.48	0.84
	机　械　费(元)		157.68	91.91	38.12	103.20	6.80
组　成　内　容		单位	单价	数　　量			
人工	综合工	工日	135.00	14.60	8.51	3.53	4.10	0.63
材料	仪表接头	套	—	(2)	—	—	(2)	—
	接地线 5.5～16mm²	m	5.16	1	1	1	1	—
	位号牌	个	0.99	1	1	1	1	—
	细白布	m	3.57	0.05	0.05	0.05	0.05	—
	聚四氟乙烯生料带 δ20	m	1.15	—	—	—	0.15	—
	零星材料费	元	—	0.94	0.94	0.94	0.95	—
	校验材料费	元	—	43.65	38.48	10.90	15.03	0.84
机械	电动空气压缩机 0.6m³	台班	38.51	—	—	—	1.53	—
	校验机械使用费	元	—	157.68	91.91	38.12	44.28	6.80

113

第六章　仪表管路敷设

说　明

一、本章适用范围：碳钢管、不锈钢管、铝管、铜管、高压管、聚乙烯管和管缆敷设、管路伴热及脱脂。

二、本章各预算基价子目包括以下工作内容：

1.管路敷设：准备、清扫、清洗、画线、调直、定位、锯管、撖弯、焊接、上接头或管件、固定,强度、严密性、泄漏性试验,除锈、刷油,安装试验记录。

2.仪表设备或管路伴热：电伴热电缆、伴热元件或伴热带敷设、绝缘测定、接地、控制及保护电路测试、调整记录。

3.仪表管路脱脂：拆装、浸泡、擦洗、检查、封口、保管、送检、填写记录。

三、本章各预算基价子目不包括以下工作内容：

1.支架制作、安装。

2.脱脂液分析工作。

3.管路中截止阀、疏水器、过滤器等安装。

4.电伴热供电设备安装、接线盒安装、保温层和保温材料。

5.被伴热的管路或仪表设备的外部保温层、防护防水层安装及防腐。

四、导压管敷设范围是从取源一次阀门后,不包括取源部件及一次阀门。

五、需要银焊的管路,可参照铜管敷设基价子目,并进行材料换算。

六、测量管路试压与工业管道同时进行,仪表气源和信号管路只做严密性试验、通气试验,不做强度试验。

工程量计算规则

一、钢管敷设依据其名称、连接方式、管径依据设计图示尺寸按延长米计算。

二、高压管敷设依据其名称、材质、管径依据设计图示尺寸按延长米计算。

三、不锈钢管敷设依据其名称、管径依据设计图示尺寸按延长米计算。

四、有色金属管及非金属管敷设依据其名称、材质、管径依据设计图示尺寸按延长米计算。

五、管路工程量按延长米计算,不扣除管件、仪表阀等所占长度计算。

六、管缆敷设依据其名称、材质、芯数依据设计图示尺寸按延长米计算。

七、伴热电缆和伴热带按设计图示数量计算,每根长为50m。伴热元件按设计图示数量计算,包括敷设、绝缘测定、接地、控制及保护电路测定等工作。电伴热的供电设备、接线盒工程量应按相应基价另行计算。伴热管依据设计图示尺寸按延长米计算,包括焊接、除锈、防腐、试压、气密性试验等工作。管路及设备伴热不包括被伴热的管路或仪表的外部保温层、防护防水层等工作,其工程量应按相应基价另行计算。

八、仪表管路和仪表设备脱脂基价适用于必须禁油或设计要求需要脱脂的工程,无特殊情况或设计无要求的,不得计算其工程量。仪表管路脱脂依据设计图示尺寸按延长米计算,仪表设备脱脂按设计图示数量计算。

九、仪表导压管敷设应区别不同的用途和安装方式,依据设计图示尺寸按延长米计算,不扣除管件和阀门所占的长度。管路试压、供气管通气试验和防腐已包括在基价内,其工程量不得另行计算。公称直径大于50mm的管路,应参照本基价第六册《工业管道工程》DBD 29-306-2020相应基价子目。

一、钢 管 敷 设

编 号			10-565	10-566	10-567	10-568	10-569	10-570	10-571	10-572
项 目			碳钢管敷设焊接管径(mm以内)				镀锌钢管敷设丝接管径(mm以内)			
			14	22	32	50	15	20	32	50
预算基价	总 价(元)		**192.69**	**232.33**	**260.30**	**343.84**	**204.25**	**222.74**	**245.54**	**291.36**
	人 工 费(元)		164.70	190.35	207.90	264.60	178.20	193.05	210.60	245.70
	材 料 费(元)		23.83	31.51	38.01	56.52	20.01	21.80	25.20	33.87
	机 械 费(元)		4.16	10.47	14.39	22.72	6.04	7.89	9.74	11.79
组 成 内 容	单位	单价	数 量							
人工 综合工	工日	135.00	1.22	1.41	1.54	1.96	1.32	1.43	1.56	1.82
材料 管材	m	—	(10.2)	(10.1)	(10.1)	(10.0)	(10.0)	(10.0)	(10.0)	(10.0)
仪表接头	套	—	(2)	(2)	(2)	(3)	—	—	—	—
管件	套	—	—	—	—	—	(5)	(6)	(5)	(6)
半圆头镀锌螺栓 M(2～5)×(15～50)	套	0.24	7	12	14	14	12	14	14	14
镀锌管卡子 15	个	1.58	7	—	—	—	7	—	—	—
镀锌管卡子 20	个	1.70	—	7	—	—	—	7	—	—
镀锌管卡子 32	个	2.04	—	—	7	—	—	—	7	—
镀锌管卡子 50	个	2.97	—	—	—	7	—	—	—	7
酚醛防锈漆	kg	17.27	0.22	0.39	0.50	0.90	—	—	—	—
酚醛调和漆	kg	10.67	0.17	0.31	0.40	0.72	—	—	—	—
电	kW·h	0.73	0.20	0.50	0.80	1.20	0.10	0.12	0.20	0.50
尼龙砂轮片 D100×16×3	片	3.92	0.005	0.007	0.009	0.010	—	—	—	—
尼龙砂轮片 D400	片	15.64	0.02	0.04	0.03	0.05	0.04	0.05	0.07	0.16

单位：10m

编 号			10-565	10-566	10-567	10-568	10-569	10-570	10-571	10-572
项 目			碳钢管敷设焊接管径(mm以内)				镀锌钢管敷设丝接管径(mm以内)			
			14	22	32	50	15	20	32	50
组 成 内 容	单位	单价	数 量							
材料	气焊条 D<2	kg	7.96	0.010	0.015	0.020	0.030	—	—	—	—
	氧气	m³	2.88	0.010	0.012	0.017	0.020	—	—	—	—
	乙炔气	kg	14.66	0.004	0.004	0.006	0.010	—	—	—	—
	镀锌钢丝 D1.2~2.2	kg	7.13	0.06	0.06	0.06	0.06	0.06	0.06	0.06	0.06
	溶剂汽油 200#	kg	6.90	0.10	0.15	0.20	0.25	—	—	—	—
	汽油 60#~70#	kg	6.67	0.20	0.20	0.20	0.20	0.25	0.25	0.25	0.25
	铁砂布 0#~2#	张	1.15	0.3	0.3	0.3	0.3	0.3	0.3	0.3	0.3
	锯条	根	0.42	0.25	0.10	0.10	—	0.25	0.10	0.10	—
	棉纱	kg	16.11	0.05	0.05	0.05	0.05	0.05	0.05	0.05	0.05
	厚漆	kg	12.41	—	—	—	—	0.04	0.05	0.06	0.06
	聚四氟乙烯生料带 δ20	m	1.15	—	—	—	—	0.21	0.20	0.40	0.65
	机油	kg	7.21	—	—	—	—	0.05	0.08	0.10	0.12
	零星材料费	元	—	1.12	1.47	1.75	2.37	0.92	0.96	1.11	1.25
机械	载货汽车 2.5t	台班	347.63	0.010	0.020	0.030	0.050	0.010	0.015	0.020	0.025
	管子切断机 D150	台班	33.97	0.02	0.04	0.05	0.06	—	—	—	—
	管子切断套丝机 D159	台班	21.98	—	—	—	—	0.020	0.025	0.030	0.035
	台式砂轮机 D250	台班	19.99	—	0.010	0.015	0.020	0.010	0.010	0.010	0.020
	液压弯管机 D60	台班	48.95	—	0.04	0.04	0.02	—	—	—	—
	电动空气压缩机 0.6m³	台班	38.51	—	—	—	0.05	0.05	0.05	0.05	0.05

二、不锈钢管及高压管敷设

编　号			10-573	10-574	10-575	10-576	10-577	10-578	10-579
项　目			不锈钢管敷设管径(mm以内)					高压管管径(15mm以内)	
			10	14	22	32	50	碳钢	不锈钢
预算基价	总　　价(元)		**203.20**	**250.99**	**281.09**	**343.46**	**432.22**	**258.53**	**287.41**
	人　工　费(元)		187.65	220.05	238.95	291.60	345.60	209.25	241.65
	材　料　费(元)		10.63	20.56	24.06	28.62	42.16	25.55	22.03
	机　械　费(元)		4.92	10.38	18.08	23.24	44.46	23.73	23.73
组　成　内　容		单位	单价	数　　量					
人工	综合工	工日	135.00	1.39	1.63	1.77	2.16	2.56	1.55	1.79
材料	管材	m	—	(10)	(10)	(10)	(10)	(10)	(10)	(10)
	仪表接头	套	—	(3)	(2)	(2)	(2)	(4)	—	—
	管件	套	—	—	—	—	—	—	(4)	(4)
	半圆头镀锌螺栓 M(2～5)×(15～50)	套	0.24	2	10	14	14	14	10	10
	镀锌管卡子 15	个	1.58	3	7	—	—	—	7	7
	镀锌管卡子 20	个	1.70	—	—	7	—	—	—	—
	镀锌管卡子 32	个	2.04	—	—	—	7	—	—	—
	镀锌管卡子 50	个	2.97	—	—	—	—	7	—	—
	石棉橡胶板 低压 δ0.8～6.0	kg	19.35	0.14	0.14	0.14	0.14	0.14	0.14	0.14
	电	kW•h	0.73	0.08	0.10	0.15	0.30	0.45	0.50	0.80
	尼龙砂轮片 D400	片	15.64	0.01	0.03	0.03	0.05	0.11	0.05	0.05
	氩气	m³	18.60	0.02	0.04	0.09	0.13	0.27	0.02	0.03
	钍钨棒	kg	640.87	0.00005	0.00012	0.00015	0.00022	0.00054	0.00004	0.00004
	铁砂布 0#～2#	张	1.15	0.3	0.3	0.3	—	—	0.3	0.3

续前

编　号			10-573	10-574	10-575	10-576	10-577	10-578	10-579
项　目			不锈钢管敷设管径（mm以内）					高压管管径（15mm以内）	
			10	14	22	32	50	碳钢	不锈钢
组成内容	单位	单价	数　量						
材料	锯条	根	0.42	0.25	—	—	—	—	—	—
	镀锌钢丝 D1.2～2.2	kg	7.13	0.06	0.06	0.06	0.06	0.06	0.06	0.06
	细白布	m	3.57	0.05	0.05	0.06	0.06	0.07	—	0.10
	酚醛防锈漆	kg	17.27	—	—	—	—	—	0.11	—
	酚醛调和漆	kg	10.67	—	—	—	—	—	0.08	—
	位号牌	个	0.99	—	—	—	—	—	1.5	1.5
	碳钢氩弧焊丝	kg	11.10	—	—	—	—	—	0.02	—
	合金钢氩弧焊丝	kg	16.53	—	—	—	—	—	—	0.02
	不锈钢氩弧焊丝 1Cr18Ni9Ti	kg	57.40	0.01	0.02	0.03	0.05	0.10	—	—
	溶剂汽油 200#	kg	6.90	—	—	—	—	—	0.05	—
	汽油 60#～70#	kg	6.67	—	—	—	—	—	0.05	—
	棉纱	kg	16.11	—	—	—	—	—	0.05	—
	零星材料费	元	—	0.45	0.93	1.03	1.20	1.47	1.12	0.97
机械	载货汽车 2.5t	台班	347.63	0.005	0.010	0.020	0.020	0.035	0.010	0.010
	氩弧焊机 500A	台班	96.11	0.01	0.05	0.07	0.09	0.24	0.04	0.04
	电动空气压缩机 0.6m³	台班	38.51	0.04	—	—	0.05	0.09	—	—
	管子切断机 D150	台班	33.97	0.02	0.05	0.06	0.07	0.08	—	—
	台式砂轮机 D250	台班	19.99	—	0.02	0.02	0.02	0.03	—	—
	液压弯管机 D60	台班	48.95	—	—	0.04	0.06	0.05	—	—
	普通车床 400×1000	台班	205.13	—	—	—	—	—	0.08	0.08

三、有色金属及非金属管敷设

单位：10m

编　号				10-580	10-581	10-582	10-583	10-584	10-585	10-586	10-587	10-588	10-589
项　目				紫铜管管径（mm以内）				黄铜管管径（mm以内）		铝管敷设管径（mm以内）			聚乙烯管管径（mm以内）
				10	14	22	32	32	50	14	22	32	32
预算基价	总　　价(元)			**104.69**	**187.66**	**264.05**	**323.64**	**346.40**	**494.78**	**193.57**	**217.29**	**265.37**	**352.78**
	人　工　费(元)			97.20	162.00	222.75	232.20	252.45	368.55	160.65	179.55	211.95	314.55
	材　料　费(元)			7.10	21.80	37.44	84.11	69.38	92.94	25.86	29.85	39.80	29.76
	机　械　费(元)			0.39	3.86	3.86	7.33	24.57	33.29	7.06	7.89	13.62	8.47
组　成　内　容		单位	单价	数　　量									
人工	综合工	工日	135.00	0.72	1.20	1.65	1.72	1.87	2.73	1.19	1.33	1.57	2.33
材料	管材	m	—	(10)	(10)	(10)	(10)	(10)	(10)	(10)	(10)	(10)	(10)
	仪表接头	套	—	(5)	(3)	(2)	(10)	(10)	(5)	(3)	(4)	(4)	(6)
	半圆头镀锌螺栓 M(2~5)×(15~50)	套	0.24	3	10	18	20	20	20	14	20	20	—
	镀锌管卡子 15	个	1.58	2	6	—	—	—	—	10	—	—	—
	镀锌管卡子 20	个	1.70	—	—	10	—	—	—	—	10	—	—
	镀锌管卡子 32	个	2.04	—	—	—	10	10	—	—	—	10	—
	镀锌管卡子 50	个	2.97	—	—	—	—	—	10	—	—	—	—
	石棉橡胶板 低压 δ0.8~6.0	kg	19.35	0.10	0.14	0.14	0.50	0.50	0.50	0.20	0.25	0.50	—
	镀锌钢丝 D1.2~2.2	kg	7.13	0.04	0.05	0.06	0.06	0.06	0.06	—	—	—	—
	锯条	根	0.42	0.40	0.40	—	—	—	—	0.26	—	—	0.30
	铁砂布 0#~2#	张	1.15	0.3	0.3	0.3	0.5	0.5	0.5	0.3	0.3	0.3	0.7
	细白布	m	3.57	0.05	0.05	0.05	0.05	0.05	0.05	—	—	—	—
	铜气焊丝	kg	46.03	—	0.01	0.01	0.02	—	—	—	—	—	—
	铜氩弧焊丝	kg	63.63	—	—	—	—	0.08	0.11	—	—	—	—

续前

单位：10m

编　号			10-580	10-581	10-582	10-583	10-584	10-585	10-586	10-587	10-588	10-589
项　目			紫铜管管径（mm以内）				黄铜管管径（mm以内）		铝管敷设管径（mm以内）			聚乙烯管管径（mm以内）
			10	14	22	32	32	50	14	22	32	32
组　成　内　容	单位	单价	数　　量									
材料	铝合金焊丝 丝301 D1~6	kg	48.24	—	—	—	—	—	—	0.01	0.01	0.02	—
	氧气	m³	2.88	—	0.02	0.04	0.13	—	—	—	—	—	—
	乙炔气	kg	14.66	—	0.010	0.015	0.050	—	—	—	—	—	—
	硼砂	kg	4.46	—	1	2	7	—	—	—	—	—	—
	尼龙砂轮片 D400	片	15.64	—	—	0.06	0.07	0.08	0.06	—	0.01	0.04	—
	位号牌	个	0.99	—	—	—	10	20	30	—	—	—	—
	电	kW·h	0.73	—	—	—	—	0.10	0.15	0.20	0.50	0.55	1.80
	氩气	m³	18.60	—	—	—	—	0.24	0.36	0.03	0.03	0.05	—
	钍钨棒	kg	640.87	—	—	—	—	0.00047	0.00073	0.00005	0.00006	0.00011	—
	塑料卡子	个	1.90	—	—	—	—	—	—	—	—	—	14
	塑料焊条	kg	13.07	—	—	—	—	—	—	—	—	—	0.02
	零星材料费	元	—	0.31	1.04	1.81	3.81	2.34	2.67	1.16	1.27	1.59	0.65
机械	电动空气压缩机 0.6m³	台班	38.51	0.01	0.01	0.01	0.10	0.10	0.10	—	—	—	0.22
	载货汽车 2.5t	台班	347.63	—	0.01	0.01	0.01	0.02	0.03	0.01	0.01	0.02	—
	氩弧焊机 500A	台班	96.11	—	—	—	—	0.07	0.12	0.02	0.02	0.04	—
	普通车床 400×1000	台班	205.13	—	—	—	—	0.03	0.03	—	—	—	—
	摇臂钻床 D25	台班	8.81	—	—	—	—	0.10	0.15	—	—	—	—
	液压弯管机 D60	台班	48.95	—	—	—	—	—	—	0.02	0.03	0.03	—
	管子切断机 D150	台班	33.97	—	—	—	—	—	—	0.02	0.03	0.04	—

124

四、管缆敷设

编　号			10-590	10-591	10-592	10-593	10-594	10-595	10-596	10-597	10-598
项　目			尼龙管缆（缆芯以内）				铜管缆（缆芯以内）				
			单芯	7芯	12芯	19芯	单芯	7芯	14芯	19芯	24芯
预算基价	总　　价（元）		**85.96**	**193.33**	**312.11**	**410.16**	**110.28**	**250.75**	**356.17**	**428.02**	**520.89**
	人　工　费（元）		83.70	171.45	271.35	359.10	108.00	241.65	340.20	402.30	487.35
	材　料　费（元）		2.26	6.38	10.53	18.52	2.28	6.40	10.58	18.40	24.68
	机　械　费（元）		—	15.50	30.23	32.54	—	2.70	5.39	7.32	8.86
组 成 内 容		单位	单价	数　　　量							
人工	综合工	工日	135.00	0.62	1.27	2.01	2.66	0.80	1.79	2.52	2.98	3.61
材料	管材	m	—	(10.2)	(10.2)	(10.2)	(10.2)	(10.3)	(10.3)	(10.3)	(10.3)	(10.3)
	仪表接头	套	—	(2)	(6)	(9)	(14)	(2)	(5)	(10)	(14)	(19)
	石棉橡胶板 低压 δ0.8～6.0	kg	19.35	0.08	0.14	0.34	0.70	0.08	0.14	0.34	0.70	0.90
	位号牌	个	0.99	0.5	0.4	0.4	0.3	0.5	0.4	0.4	0.2	0.2
	锯条	根	0.42	0.10	0.15	0.25	0.30	0.15	0.20	0.25	0.25	0.30
	铁砂布 0#～2#	张	1.15	0.10	0.30	0.30	0.50	0.10	0.30	0.35	0.50	1.00
	半圆头镀锌螺栓 M(2～5)×(15～50)	套	0.24	—	4	4	4	—	4	4	4	4
	镀锌管卡子 15	个	0.81	—	2	—	—	—	2	—	—	—
	镀锌管卡子 20	个	0.87	—	—	2	—	—	—	2	—	—
	镀锌管卡子 32	个	1.20	—	—	—	2	—	—	—	2	—
	镀锌管卡子 50	个	2.04	—	—	—	—	—	—	—	—	2
	零星材料费	元	—	0.06	0.29	0.40	0.62	0.06	0.29	0.40	0.62	0.75
机械	载货汽车 2.5t	台班	347.63	—	0.01	0.02	0.02	—	—	—	—	—
	汽车式起重机 16t	台班	971.12	—	0.01	0.02	0.02	—	—	—	—	—
	电动空气压缩机 0.6m³	台班	38.51	—	0.06	0.10	0.16	—	0.07	0.14	0.19	0.23

五、仪表设备与管路伴热

编　号			10-599	10-600	10-601	10-602	10-603	10-604
项　目			伴热管管径（mm以内）				电伴热带（伴热电缆）（50m）	伴热元件（根）
			不锈钢管10（10m）	碳钢管22（10m）	钢管10（10m）	铜管22（10m）		
预算基价	总　　　价(元)		**184.03**	**216.92**	**119.20**	**203.05**	**1031.67**	**83.60**
	人　工　费(元)		163.35	183.60	106.65	182.25	922.05	70.20
	材　料　费(元)		1.43	12.74	0.68	1.37	31.69	7.78
	机　械　费(元)		19.25	20.58	11.87	19.43	77.93	5.62
组　成　内　容		单位	单价	数　　　量				
人工	综合工	工日	135.00	1.21	1.36	0.79	1.35	6.83	0.52
材料	管材	m	—	(10.3)	(10.3)	(10.3)	(10.3)	—	—
	电热带	m	—	—	—	—	—	(50.2)	—
	管状电热带	根	—	—	—	—	—	—	(1.0)
	镀锌钢丝 D2.8～4.0	kg	6.91	0.05	0.05	—	0.05	—	—
	电	kW·h	0.73	0.1	0.2	—	—	0.3	0.1
	锯条	根	0.42	0.15	0.50	0.10	0.50	0.10	—
	铁砂布 0#～2#	张	1.15	0.1	0.1	0.1	0.1	0.1	—
	不锈钢氩弧焊丝 1Cr18Ni9Ti	kg	57.40	0.01	—	—	—	—	—
	氩气	m³	18.60	0.01	—	—	—	—	—
	钍钨棒	kg	640.87	0.00002	—	—	—	—	—
	酚醛调和漆	kg	10.67	—	0.39	—	—	—	—
	酚醛防锈漆	kg	17.27	—	0.39	—	—	—	—
	尼龙砂轮片 D100×16×3	片	3.92	—	0.02	—	0.02	—	—
	氧气	m³	2.88	—	0.01	0.01	0.01	—	—
	乙炔气	kg	14.66	—	0.010	—	0.004	—	—
	气焊条 D<2	kg	7.96	—	0.01	—	—	—	—
	铜气焊丝	kg	46.03	—	—	0.01	0.01	—	—
	接地线 5.5～16mm²	m	5.16	—	—	—	—	3.5	1.0
	位号牌	个	0.99	—	—	—	—	1.5	1.0
	零星材料费	元	—	0.06	0.69	0.03	0.07	3.20	0.93
	校验材料费	元	—	—	—	—	—	8.57	0.63
机械	载货汽车 4t	台班	417.41	0.010	0.010	0.008	0.010	0.010	—
	氩弧焊机 500A	台班	96.11	0.01	—	—	—	—	—
	管子切断机 D150	台班	33.97	0.02	0.04	—	0.02	—	—
	试压泵 3MPa	台班	18.08	0.02	0.02	—	—	—	—
	校验机械使用费	元	—	13.07	14.69	8.53	14.58	73.76	5.62

六、仪表设备与管路脱脂

编　　号			10-605	10-606	10-607	10-608	10-609	10-610
项　　目			压力表 （块）	变送器调节阀 （台）	仪表附件 （套）	孔板 （块）	仪表阀门 （个）	仪表管路 （10m）
预算基价	总　　价（元）		**171.96**	**586.31**	**38.75**	**124.09**	**76.48**	**156.93**
	人　工　费（元）		160.65	510.30	32.40	97.20	64.80	137.70
	材　料　费（元）		11.31	76.01	6.35	26.89	11.68	19.23
组 成 内 容	单位	单价	数　　　量					
人工 综合工	工日	135.00	1.19	3.78	0.24	0.72	0.48	1.02
材料 四氯化碳	kg	9.28	1.00	7.00	0.50	2.05	1.00	1.50
乙醇	kg	9.69	0.1	0.5	0.1	0.5	0.1	0.3
细白布	m	3.57	0.10	0.40	0.10	0.40	0.20	0.25
镀锌钢丝 $D1.2\sim2.2$	kg	7.13	—	—	—	—	—	0.05
零星材料费	元	—	0.70	4.78	0.38	1.59	0.72	1.15

第七章　工厂通信、供电

说　明

一、本章适用范围：工厂通信线路（系统电缆、双绞屏蔽电缆、光缆、同轴电缆）、通信设备、补偿电缆安装及其他附件安装调试。

二、本章各预算基价子目包括以下工作内容：领料、开箱检查、准备、运输、敷设、固定、绝缘检查、校线、挂牌、记录等，除此之外，还包括下列内容：

1.通信线路和设备：

（1）系统电缆敷设带插头、揭盖地板、挂牌。

（2）屏蔽电缆头制作：AC、DC接地线焊接、接地电阻测试、套线号。

（3）光缆接头测试、熔接、接续、接头盒安装、地线装置安装、成套附件安装、复测衰耗、安装加感线圈，包封外护套、充气试验。

（4）光缆成端接头：活接头制作、固定、测试衰耗、光缆终端头固定。

（5）光缆堵塞：配置堵塞剂、做气闭及绝缘试验。

（6）中继段测试：光纤特性测试、铜导线电气性能测试，护套对地测试，障碍处理。

2.支架、机架、框架、托架制作、安装。

3.光中继器埋设。

4.挖填土工程、开挖路面工程。

5.电话装置用通信线路敷设。

三、本册基价所列电缆敷设为自控专用电缆。控制电缆、电力电缆、保护管和接地系统参照本基价第二册《电气设备安装工程》DBD 29-302-2020相应基价子目。

四、穿线盒预算用量按每10m配管2.8个考虑。

五、通信设备中呼叫装置（自动指令装置）安装，包括主机盘、电源盘、端机40个和扬声器安装及校、接线，并与呼叫装置组成一套，计算安装调试工程量。

工程量计算规则

一、工厂通信线路依据其名称、类型、敷设方式、芯数依据设计图示尺寸长度或数量计算。

二、工厂通信设备依据其名称、类型、功能按设计图示数量计算。

三、金属挠性管按设计图示数量计算,包括接头安装、防爆挠性管的密封等工作。

四、金属穿线盒按设计图示数量计算。

五、降阻剂的埋设按设计图示质量计算。

六、屏蔽双绞电缆、同轴电缆、光缆、补偿导线按设计图示长度计算,另加穿墙、穿楼板以及拐弯的量;电缆接至现场仪表处增加1.5m的预留长度,接至盘上,按盘高加盘宽预留长度。敷设时,还要增加一定的余量(余量按本基价第二册《电气设备安装工程》DBD 29-302-2020中规定),带专用插头的系统电缆依据其芯数按设计图示数量计算。

七、屏蔽电缆头制作安装依据其芯数按设计图示数量计算,包括焊接地线、接地电阻测试、校线、套线号。光缆如需要制作接头的,依据芯数按设计图示数量计算,包括熔接、接续及试验等。成端头按每芯,包括制作、固定、测试。光缆堵塞按设计图示数量计算,包括配制堵塞剂、气密和绝缘试验。

八、电缆敷设为仪表专用或计算机通信电缆,控制电缆、电力电缆、电缆头、电气配管、接地系统等应参照本基价第二册《电气设备安装工程》DBD 29-302-2020相应预算基价。

一、工厂通信线路

1.专用电缆敷设

编　号			10-611	10-612	10-613	10-614	10-615
项　目			带专用系统电缆敷设			补偿导线敷设	
			20芯 （根）	36芯 （根）	50芯 （根）	穿管 （100m）	沿槽架 （100m）
预 算 基 价	总　　价(元)		**527.88**	**604.73**	**748.68**	**213.70**	**416.11**
	人　工　费(元)		480.60	550.80	683.10	197.10	378.00
	材　料　费(元)		4.66	5.70	6.76	0.83	7.87
	机　械　费(元)		42.62	48.23	58.82	15.77	30.24
组 成 内 容		单位	单价	数　　量			
人工	综合工	工日	135.00	3.56	4.08	5.06	1.46	2.80
材 料	系统电缆	根	—	(1)	(1)	(1)	—	—
	补偿导线	m	—	—	—	—	(104.0)	(104.0)
	位号牌	个	0.99	2	2	2	—	—
	尼龙扎带	根	0.49	5	7	9	—	15
	棉纱	kg	16.11	—	—	—	0.05	—
	零星材料费	元	—	0.23	0.29	0.37	0.02	0.52
机 械	载货汽车 4t	台班	417.41	0.01	0.01	0.01	—	—
	校验机械使用费	元	—	38.45	44.06	54.65	15.77	30.24

编　　号			10-616	10-617	10-618	10-619	10-620	10-621
项　　目			双绞或多绞屏蔽电缆敷设					双绞线穿管敷设
			4芯以内	10芯以内	20芯以内	38芯以内	38芯以外	
预算基价	总　　　　价(元)		**452.96**	**493.49**	**571.11**	**825.72**	**1013.41**	**210.76**
	人　工　费(元)		434.70	475.20	554.85	810.00	997.65	197.10
	材　料　费(元)		6.41	6.44	4.41	3.87	3.91	1.81
	机　械　费(元)		11.85	11.85	11.85	11.85	11.85	11.85
组　成　内　容	单位	单价	数　　　量					
人工	综合工	工日	135.00	3.22	3.52	4.11	6.00	7.39	1.46
材料	屏蔽电缆	m	—	(102)	(102)	(102)	(102)	(102)	(102)
	绝缘胶布	卷	4.05	0.005	0.010	0.015	0.025	0.035	0.050
	尼龙扎带	根	0.49	9	9	6	5	5	—
	棉纱	kg	16.11	0.05	0.05	0.05	0.06	0.06	0.06
	锯条	根	0.42	1.0	1.0	0.5	0.3	0.3	1.5
	零星材料费	元	—	0.75	0.76	0.39	0.23	0.23	0.01
机械	载货汽车 4t	台班	417.41	0.01	0.01	0.01	0.01	0.01	0.01
	汽车式起重机 8t	台班	767.15	0.01	0.01	0.01	0.01	0.01	0.01

编　　号			10-622	10-623	10-624	10-625	10-626	10-627	10-628
项　　目			屏蔽电缆头制作、安装						
			2芯	4芯	7芯	14芯	24芯	37芯	60芯
预算基价	总　　　价(元)		**54.67**	**84.99**	**123.54**	**216.57**	**353.82**	**528.84**	**840.22**
	人　工　费(元)		29.70	43.20	56.70	91.80	145.80	213.30	334.80
	材　料　费(元)		22.59	38.33	62.30	117.43	196.36	298.48	478.64
	机　械　费(元)		2.38	3.46	4.54	7.34	11.66	17.06	26.78
组　成　内　容	单位	单价	数　　　量						
人工 综合工	工日	135.00	0.22	0.32	0.42	0.68	1.08	1.58	2.48
材料 电缆压盖	个	—	(1)	(1)	(1)	(1)	(1)	(1)	(1)
接地线 5.5～16mm²	m	5.16	0.6	0.6	0.6	0.6	0.6	0.6	0.6
胶质软线 1.5mm²	m	1.44	0.5	0.5	0.5	0.5	0.5	0.5	0.5
铜接线端子	个	7.01	2.2	4.4	7.7	15.4	26.4	40.7	66.0
电缆卡子	个	0.39	0.5	0.5	0.5	0.5	0.5	0.5	0.5
线号套管	m	1.12	0.05	0.10	0.17	0.34	0.58	0.89	1.44
位号牌	个	0.99	1	1	1	1	1	1	1
塑料胶带	m	2.02	0.05	0.10	0.15	0.20	0.30	0.40	0.80
松香焊锡丝 D2	m	4.13	0.05	0.05	0.05	0.05	0.05	0.05	0.05
标签纸（综合）	m	11.76	0.05	0.05	0.08	0.12	0.18	0.25	0.30
尼龙扎带	根	0.49	0.5	0.5	0.5	0.5	0.5	0.5	0.5
铁砂布 0#～2#	张	1.15	0.1	0.2	0.4	0.6	0.8	1.0	1.3
细白布	m	3.57	0.05	0.05	0.05	0.05	0.10	0.10	0.10
零星材料费	元	—	0.68	0.72	0.80	0.96	1.19	1.47	1.92
机械 校验机械使用费	元	—	2.38	3.46	4.54	7.34	11.66	17.06	26.78

2.光缆敷设

编号	10-629	10-630	10-631	10-632	10-633	10-634	10-635	10-636	10-637
项目	光缆敷设			光缆接头制作（芯以内）		光缆成端头	光缆堵塞	光缆中继段测试	光电端机
	沿槽盒支架（100m）	沿电缆沟（100m）	穿保护管（100m）	6（个）	12（个）	（套）	（个）	（个）	（个）
预算基价 总　　价(元)	**868.28**	**783.12**	**632.43**	**1006.03**	**1408.52**	**124.55**	**143.89**	**1148.59**	**1377.15**
人　工　费(元)	768.15	699.30	573.75	920.70	1289.25	113.40	112.05	1054.35	1247.40
材　料　费(元)	34.51	23.71	8.61	11.67	16.13	2.08	22.88	9.89	29.96
机　械　费(元)	65.62	60.11	50.07	73.66	103.14	9.07	8.96	84.35	99.79

组　成　内　容	单位	单价	数　　量								
人工 综合工	工日	135.00	5.69	5.18	4.25	6.82	9.55	0.84	0.83	7.81	9.24
材料 成套附件	套	—	—	—	—	(1.01)	(1.01)	—	—	—	—
熔接接头及器材	套	—	—	—	—	(1.01)	(1.01)	—	—	—	—
光缆终端活接头	套	—	—	—	—	—	—	(1.01)	—	—	—
光缆接头盒	套	—	—	—	—	—	—	—	(1.01)	—	—
电缆卡子	个	0.39	35	20	—	—	—	—	—	—	—
精制螺栓 M(6~8)×(20~70)	套	0.50	—	—	—	—	—	—	—	—	4
半圆头镀锌螺栓 M(2~5)×(15~50)	套	0.24	53	40	—	—	—	—	—	—	—
镀锌钢丝 D1.2~2.2	kg	7.13	—	—	0.3	—	—	—	—	—	—
位号牌	个	0.99	—	—	—	1	1	1	—	—	—
乙醇	kg	9.69	—	—	—	0.2	0.3	—	0.4	—	—
环氧树脂	kg	28.33	—	—	—	—	—	—	0.6	—	—
接地线 5.5~16mm²	m	5.16	—	—	—	—	—	—	—	—	1.0
细白布	m	3.57	—	—	—	—	—	—	—	—	0.2
零星材料费	元	—	1.10	0.75	0.10	0.10	0.14	0.03	0.97	—	1.05
校验材料费	元	—	7.04	5.56	6.37	8.64	12.09	1.06	1.04	9.89	21.04
机械 载货汽车 4t	台班	417.41	0.01	0.01	0.01	—	—	—	—	—	—
校验机械使用费	元	—	61.45	55.94	45.90	73.66	103.14	9.07	8.96	84.35	99.79

3.同轴电缆敷设

编　　号			10-638	10-639	10-640	10-641
项　　目			沿桥架/支架敷设（芯以内）		穿管敷设	同轴电缆头制作
			2 （100m）	8 （100m）	（100m）	（个）
预 算 基 价	总　　　价(元)		**308.04**	**468.68**	**180.90**	**30.12**
	人　工　费(元)		271.35	413.10	162.00	25.65
	材　料　费(元)		10.81	10.68	1.77	2.42
	机　械　费(元)		25.88	44.90	17.13	2.05
组 成 内 容		单位	单价	数　　量		
人 工	综合工	工日	135.00	2.01	3.06	1.20	0.19
材 料	电缆卡子	个	0.39	12	9	—	—
	绝缘胶布	卷	4.05	0.005	0.100	0.100	—
	尼龙扎带	根	0.49	9	9	—	—
	锯条	根	0.42	1.0	1.5	1.0	—
	棉纱	kg	16.11	0.02	0.05	0.05	—
	接地线 5.5~16mm^2	m	5.16	—	—	—	0.3
	铁砂布 0$^#$~2$^#$	张	1.15	—	—	—	0.5
	零星材料费	元	—	0.96	0.92	0.14	0.30
机 械	载货汽车 4t	台班	417.41	0.01	0.01	0.01	—
	汽车式起重机 8t	台班	767.15	—	0.01	—	—
	校验机械使用费	元	—	21.71	33.05	12.96	2.05

137

二、工厂通信设备安装、调试

编　号			10-642	10-643	10-644	10-645	10-646	10-647
项　目			自动指令呼叫设备安装校线（40门）	自动指令呼叫装置调试		载波电话安装调试		
				主放大器 1kW	主放大器 3kW	固定局	移动局	系统调试
预算基价	总　价（元）		**6132.16**	**4121.41**	**5740.54**	**817.44**	**995.90**	**2185.00**
	人　工　费（元）		5481.00	3780.00	5265.00	742.50	905.85	2004.75
	材　料　费（元）		212.68	39.01	54.34	15.54	17.58	19.87
	机　械　费（元）		438.48	302.40	421.20	59.40	72.47	160.38
组　成　内　容	单位	单价	数　　量					
人工	综合工	工日	135.00	40.60	28.00	39.00	5.50	6.71	14.85
材料	膨胀螺栓 M10	套	1.53	80	—	—	4	—	—
	精制螺栓 M（6～8）×（20～70）	套	0.50	—	—	—	2	2	2
	精制螺栓 M10×（20～50）	套	0.67	52	—	—	—	10	—
	接地线 5.5～16mm²	m	5.16	4	—	—	—	—	—
	细白布	m	3.57	0.50	—	—	—	—	—
	塑料胶带	m	2.02	—	—	—	0.5	0.5	—
	零星材料费	元	—	12.95	—	—	0.44	0.37	0.06
	校验材料费	元	—	20.06	39.01	54.34	6.97	8.50	18.81
机械	校验机械使用费	元	—	438.48	302.40	421.20	59.40	72.47	160.38

単位：套

编　号			10-648	10-649	10-650	10-651	10-652
项　目			对讲电话安装		对讲电话调试		
			主机	分机	集中放大式	相互式	复合式
预算基价	总　价(元)		**1606.43**	**139.79**	**2119.58**	**1267.09**	**2702.47**
	人　工　费(元)		1472.85	121.50	1944.00	1167.75	2478.60
	材　料　费(元)		15.75	8.57	20.06	5.92	25.58
	机　械　费(元)		117.83	9.72	155.52	93.42	198.29
组 成 内 容		单位	单价	数 量			
人工	综合工	工日	135.00	10.91	0.90	14.40	8.65	18.36
材料	膨胀螺栓 M10	套	1.53	4	3	—	—	—
	精制螺栓 M10×(20～50)	套	0.67	4	5	—	—	—
	接地线 5.5～16mm²	m	5.16	1	—	—	—	—
	细白布	m	3.57	0.10	0.05	—	—	—
	零星材料费	元	—	1.43	0.45	—	—	—
	校验材料费	元	—	—	—	20.06	5.92	25.58
机械	校验机械使用费	元	—	117.83	9.72	155.52	93.42	198.29

139

编　号				10-653	10-654	10-655	10-656	10-657	10-658
项　目				感应电话装置地面站安装		感应电话装置移动局安装		环形天线安装（10m）	感应电话装置系统调试（套）
				感应对讲点（个）	每增1个（个）	感应对讲点（个）	每增1个（个）		
预算基价	总　　价(元)			**577.56**	**354.41**	**689.48**	**411.04**	**80.82**	**2264.82**
	人　工　费(元)			522.45	325.35	619.65	378.00	71.55	2079.00
	材　料　费(元)			13.31	3.03	20.26	2.80	3.55	19.50
	机　械　费(元)			41.80	26.03	49.57	30.24	5.72	166.32
组　成　内　容		单位	单价	数　　　量					
人工	综合工	工日	135.00	3.87	2.41	4.59	2.80	0.53	15.40
材料	膨胀螺栓 M10	套	1.53	4	1	—	—	—	—
	精制螺栓 M10×（20～50）	套	0.67	—	—	10	2	4	—
	接地线 5.5～16mm²	m	5.16	1.0	0.2	2.0	0.2	—	—
	细白布	m	3.57	0.20	0.05	0.30	0.05	0.20	—
	零星材料费	元	—	1.32	0.29	2.17	0.25	0.16	—
	校验材料费	元	—	—	—	—	—	—	19.50
机械	校验机械使用费	元	—	41.80	26.03	49.57	30.24	5.72	166.32

三、其他项目安装

编　号			10-659	10-660	10-661	10-662	10-663
项　目			金属挠性管安装		金属穿线盒		埋设降阻剂 (100kg)
			普通型 (10根)	防爆型 (10根)	普通型 (10个)	防爆型 (10个)	
预算基价	总　价(元)		**109.27**	**208.09**	**75.75**	**122.89**	**1146.29**
	人　工　费(元)		103.95	207.90	74.25	122.85	1120.50
	材　料　费(元)		5.32	0.19	1.50	0.04	4.92
	机　械　费(元)		—	—	—	—	20.87
组 成 内 容	单位	单价	数　　量				
人工 综合工	工日	135.00	0.77	1.54	0.55	0.91	8.30
材料 挠性管（带接头）	根	—	(10.0)	(10.0)	—	—	—
穿线盒 86×146×33	个	—	—	—	(10.0)	(10.0)	—
降阻剂	kg	—	—	—	—	—	(100.0)
汽油 60#～70#	kg	6.67	0.3	—	0.1	—	—
棉纱	kg	16.11	0.20	—	0.05	—	0.30
细白布	m	3.57	—	0.05	—	0.01	—
零星材料费	元	—	0.10	0.01	0.03	—	0.09
机械 载货汽车 4t	台班	417.41	—	—	—	—	0.05

第八章　仪表盘、箱、柜及附件安装

说　明

一、本章适用范围：

1.各种仪表盘、柜、箱、盒安装。

2.仪表盘校线、接线、专用插头检查、安装。

3.盘上元件及附件安装、制作。

4.控制室密封及密封剂配制。

二、本章各预算基价子目包括以下工作内容：

1.盘、柜安装：开箱、检查、清扫、找正、组装、固定、接地、打印标签。

2.盘配线、端子板校接线：校线、排线、打印字码、套端子号、挂焊锡或压端子头，专用插头的检查、校线、盘内线路检查。

3.控制室密封：密封、固化、检查。

4.盘上元件：安装、检查、校接线、试验、接地。

5.接线箱：安装、接线检查、套线号、接地。

6.接管箱：安装、仪表接头固定、标记挂位号牌。

三、支架制作、安装执行本基价第二册《电气设备安装工程》DBD 29-302-2020 相应制作、安装基价子目。

四、盘、箱、柜底座制作及安装执行本基价第二册《电气设备安装工程》DBD 29-302-2020 相应制作、安装基价子目。

五、盘、箱、柜制作及喷漆执行本基价第十一册《刷油、防腐蚀、绝热工程》DBD 29-311-2020 相应基价子目。

工程量计算规则

一、仪表盘、箱、柜及附件安装依据其名称、类型、规格按设计图示数量计算。

二、盘柜附件、元件制作安装依据其名称、类型按设计图示数量计算。

三、盘上安装元件、部件应计算安装工程量。随盘成套的元件、部件已包括在盘校线内,不得另行计算。

四、校线项目是为成套仪表盘柜校线设置的,不适用接线箱、组(插)件箱、计算机机柜检查接线。计算机机柜、接线箱、组(插)件箱已包括检查校线的工作。由外部电缆进入箱、柜端子板的校接线安装参照相应基价子目。

五、仪表盘开孔按设计图示数量计算,每一个开孔尺寸为80mm×160mm以内,超过时按比例增加计算。

六、控制室密封按设计图示质量计算,包括密封、固化、检查、清理。凡使用密封剂进行密封的工程,均应参照本基价子目。

七、接线箱依据端子对数、接管箱依据出口点数按设计图示数量计算。

八、盘内汇线槽安装、盘内汇流排制作与安装,盘柜配线依据设计图示尺寸按长度计算。

一、盘、箱、柜安装

编　号			10-664	10-665	10-666	10-667	10-668	10-669	10-670	10-671
项　目			大型通道盘	柜式、框架式盘	组合式盘台	屏式盘	半模拟盘	操作台	挂式盘	盘、柜转角板、侧壁板
预算基价	总　　价(元)		**2009.16**	**1779.40**	**1430.74**	**594.31**	**469.80**	**856.26**	**339.13**	**200.43**
	人　工　费(元)		1571.40	919.35	1155.60	490.05	445.50	683.10	319.95	174.15
	材　料　费(元)		64.58	710.78	51.23	22.31	6.24	23.89	15.01	5.41
	机　械　费(元)		373.18	149.27	223.91	81.95	18.06	149.27	4.17	20.87
组　成　内　容	单位	单价	数　　量							
人工	综合工	工日	135.00	11.64	6.81	8.56	3.63	3.30	5.06	2.37	1.29
材料	精制螺栓 M(6～8)×(20～70)	套	0.50	24	12	16	8	6	—	4	8
	精制螺栓 M12×(20～100)	套	1.19	12	8	10	—	—	8	—	—
	膨胀螺栓 M10	套	1.53	—	—	—	2	—	—	2	—
	垫铁	kg	8.61	1.2	0.8	1.0	0.4	—	0.4	—	—
	接地线 5.5～16mm²	m	5.16	0.8	0.8	0.8	0.8	0.2	0.8	0.8	—
	棉纱	kg	16.11	0.50	0.20	0.20	0.10	0.10	0.10	0.10	0.05
	标签纸（综合）	m	11.76	1.10	55.00	1.10	0.33	—	0.33	0.22	—
	电	kW·h	0.73	—	—	—	1.0	0.3	—	0.6	0.5
	零星材料费	元	—		2.85	34.22	2.43	1.46	0.38	1.31	1.19	0.24
机械	载货汽车 4t	台班	417.41	—	—	—	0.08	0.02	—	0.01	0.05
	载货汽车 8t	台班	521.59	0.25	0.10	0.15	—	—	0.10	—	—
	汽车式起重机 16t	台班	971.12	0.25	0.10	0.15	0.05	0.01	0.10	—	—

编　号			10-672	10-673	10-674	10-675	10-676	10-677	10-678	10-679
项　目			保护（温）箱	接线箱端子数（对以内）			接管箱出口点（点以内）			供电箱
				14	48	60	5	12	19	
预算基价	总　　价（元）		**338.92**	**311.36**	**516.38**	**826.41**	**243.70**	**284.56**	**322.86**	**242.52**
	人　工　费（元）		302.40	278.10	479.25	776.25	213.30	247.05	278.10	206.55
	材　料　费（元）		19.14	15.88	19.75	32.78	13.02	20.13	27.38	18.59
	机　械　费（元）		17.38	17.38	17.38	17.38	17.38	17.38	17.38	17.38
组　成　内　容	单位	单价	数　　量							
人工　综合工	工日	135.00	2.24	2.06	3.55	5.75	1.58	1.83	2.06	1.53
材料　仪表接头	套	—	(4)	—	—	—	(5)	(12)	(19)	—
管件	套	—	—	(4)	(6)	(8)	—	—	—	—
精制螺栓 M（6～8）×（20～70）	套	0.50	4	4	4	4	4	4	4	4
膨胀螺栓 M10	套	1.53	3	2	2	2	2	2	2	2
垫铁	kg	8.61	0.4	—	—	—	—	—	—	—
接地线 5.5～16mm²	m	5.16	0.8	0.8	0.8	0.8	—	—	—	0.8
电	kW·h	0.73	1.5	1.0	1.5	1.5	1.0	1.0	1.2	1.2
位号牌	个	0.99	1	1	1	6	6	13	20	1
棉纱	kg	16.11	0.10	0.10	0.10	0.25	0.05	0.05	0.05	0.05
绝缘导线 BV1.5	m	1.05	—	2	5	10	—	—	—	5
线号套管	m	1.12	—	0.08	0.29	0.36	—	—	—	0.20
零星材料费	元	—	1.28	1.17	1.29	1.63	0.48	0.66	0.84	1.26
机械　载货汽车 2.5t	台班	347.63	0.05	0.05	0.05	0.05	0.05	0.05	0.05	0.05

二、盘校线及盘上元件、附件安装
1.盘柜附件、元件安装制作

编 号			10-680	10-681	10-682	10-683	10-684	10-685	10-686	10-687	10-688	10-689
项 目			盘柜照明罩（个）	端子板安装（10节）	盘内汇线槽安装（10m）	盘内汇流排安装		线路电阻配制（10个）	稳压稳频供电源（个）	冷端温度补偿器（个）	多点切换开关（个）	盘上其他元件安装（10个）
						制作（m）	安装（m）					
预算基价	总 价(元)		**96.15**	**33.58**	**236.87**	**149.47**	**54.12**	**63.61**	**69.50**	**60.29**	**80.50**	**44.72**
	人 工 费(元)		75.60	32.40	222.75	79.65	48.60	62.10	58.05	55.35	70.20	37.80
	材 料 费(元)		3.17	1.18	14.12	67.18	5.52	1.51	6.81	0.51	4.68	3.90
	机 械 费(元)		17.38	—	—	2.64	—	—	4.64	4.43	5.62	3.02
组 成 内 容		单位	单价				数　量					
人工	综合工	工日	135.00	0.56	0.24	1.65	0.59	0.36	0.46	0.43	0.41	0.52	0.28
材料	端子板	节	—	—	(10)	—	—	—	—	—	—	—	—
	汇线槽	m	—	—	—	(10.1)	—	—	—	—	—	—	—
	铜排 25×3	m	—	—	—	—	(1.03)	—	—	—	—	—	—
	精制螺栓 M(6~8)×(20~70)	套	0.50	6	—	—	—	—	—	—	—	—	—
	平头螺栓 M4×15	套	0.24	—	2	24	—	2	—	—	—	—	—
	半圆头镀锌螺栓 M(2~5)×(15~50)	套	0.24	—	2	24	—	—	—	2	2	2	—
	半圆头带帽铜螺栓 M4×10	套	3.57	—	—	—	18	—	—	—	—	—	—
	铁砂布 0#~2#	张	1.15	—	—	—	0.5	—	0.5	—	—	—	—
	钻头 D6~13	个	6.78	—	—	—	0.01	—	—	—	—	—	—
	接地线 5.5~16mm²	m	5.16	—	—	—	—	0.8	—	0.8	—	—	—
	线号套管	m	1.12	—	—	—	—	—	0.24	0.14	—	0.30	0.05
	松香焊锡丝 D2	m	4.13	—	—	—	—	—	0.15	0.05	—	0.10	0.50
	绝缘导线 BV1.5	m	1.05	—	—	—	—	—	—	0.5	—	1.2	—
	真丝绸布 0.9m宽	m	19.67	—	—	—	—	—	—	—	—	0.07	0.05
	零星材料费	元	—	0.17	0.22	2.60	2.28	0.91	0.05	0.77	0.03	0.15	0.10
	校验材料费	元	—	—	—	—	—	—	—	0.54	—	0.66	0.70
机械	载货汽车 2.5t	台班	347.63	0.05	—	—	—	—	—	—	—	—	—
	摇臂钻床 D25	台班	8.81	—	—	—	0.3	—	—	—	—	—	—
	校验机械使用费	元	—	—	—	—	—	—	—	4.64	4.43	5.62	3.02

编　号		10-690	10-691	10-692	10-693
项　目		减震器		仪表盘开孔 （80×160以内） （个）	控制室密封 （100kg）
		制作 （个）	安装 （个）		
预算基价	总　　价(元)	**384.90**	**111.69**	**67.79**	**948.82**
	人　工　费(元)	341.55	106.65	62.10	905.85
	材　料　费(元)	18.46	4.29	5.69	8.21
	机　械　费(元)	24.89	0.75	—	34.76
组　成　内　容	单位	单价	数　　量		

	组　成　内　容	单位	单价				
人工	综合工	工日	135.00	2.53	0.79	0.46	6.71
材料	型钢	t	—	(0.0144)	—	—	—
	密封剂	kg	—	—	—	—	(100.0)
	酚醛防锈漆	kg	17.27	0.22	—	—	—
	酚醛调和漆	kg	10.67	0.17	—	—	—
	电	kW·h	0.73	2	—	3	—
	尼龙砂轮片 D400	片	15.64	0.05	—	—	—
	铁砂布 0#～2#	张	1.15	1.0	0.5	2.0	—
	电焊条 E4303 D3.2	kg	7.59	0.10	0.05	—	—
	棉纱	kg	16.11	0.50	0.03	0.05	0.50
	精制螺栓 M10×（20～50）	套	0.67	—	4	—	—
	钻头 D6～13	个	6.78	—	—	0.03	—
	零星材料费	元	—	0.64	0.17	0.19	0.15
机械	载货汽车 2.5t	台班	347.63	0.05	—	—	0.10
	直流弧焊机 20kW	台班	75.06	0.10	0.01	—	—

2.盘柜校接线

编号			10-694	10-695	10-696	10-697	10-698	10-699
项 目			端子板校接线			专用插头 安装校线 （10个）	盘柜接线 检查 （10个）	盘柜配线 （10m）
			直压式 （10个）	端头压接式 （10个）	锡焊式 （10个）			
预算基价	总　　价(元)		**49.24**	**140.90**	**59.30**	**184.79**	**42.05**	**47.00**
	人 工 费(元)		37.80	44.55	52.65	163.35	25.65	40.50
	材 料 费(元)		8.42	92.79	2.44	8.37	14.35	3.26
	机 械 费(元)		3.02	3.56	4.21	13.07	2.05	3.24
组 成 内 容	单位	单价	数　　量					
人工　综合工	工日	135.00	0.28	0.33	0.39	1.21	0.19	0.30
材料　绝缘铜导线 BV1×1.5	m	—	—	—	—	—	—	(10.35)
线号套管	m	1.12	0.24	0.24	0.24	—	0.04	0.10
半圆头带帽铜螺栓 M4×10	套	3.57	2	2	—	—	—	—
铁砂布 0#～2#	张	1.15	0.3	0.3	0.3	0.1	—	—
铜接线端子	个	7.01	—	12	—	—	2	—
松香焊锡丝 D2	m	4.13	—	—	0.3	0.5	—	—
标签纸（综合）	m	11.76	—	—	—	0.36	—	—
塑料线夹 D15	个	0.76	—	—	—	—	—	3
钢精扎头 1#～5#	包	1.93	—	—	—	—	—	0.2
零星材料费	元	—	0.28	0.46	0.05	0.27	0.03	0.06
校验材料费	元	—	0.39	0.46	0.54	1.69	0.26	0.42
机械　校验机械使用费	元	—	3.02	3.56	4.21	13.07	2.05	3.24

151

第九章　仪表附件制作、安装

说　明

一、本章适用范围：

1. 仪表阀门安装与研磨。

2. 仪表支、吊架安装、仪表立柱制作与安装、穿墙密封架安装、冲孔板、槽安装和混凝土基础上安装。

3. 辅助容器，附件制作、安装及水封，漏斗，防雨罩制作、安装。

4. 在工业管道或设备上配合安装取源部件，压力表弯制作、安装，节流装置均压环制作、安装。

二、本章各预算基价子目包括以下工作内容：

1. 仪表阀门：领取、清洗、试压、焊接或法兰连接、螺纹连接、卡套连接，焊接、螺纹连接和卡套连接包括接头安装，阀门研磨包括试压和研磨及准备工作。

2. 仪表立柱的底板和加强板焊接固定。穿墙密封架和双杆吊架焊接或螺栓固定。

3. 辅助容器：水封、气源分配器、防雨罩、排污漏斗制作包括领运、下料、组装、焊接、除锈、刷漆等。安装包括搬运、定位、打眼、本体固定。

4. 取源部件配合安装内容包括取源部件提供、配合定位、焊接、固定。

三、桥架、托臂、立柱、隔板、盖板安装执行本基价第二册《电气设备安装工程》DBD 29-302-2020相应基价子目。

四、取源部件的安装执行本基价第六册《工业管道工程》DBD 29-306-2020相应基价子目。

工程量计算规则

一、仪表阀门依据其名称、类型、材质按设计图示数量计算。口径大于50mm的阀门安装参照本基价第六册《工业管道工程》DBD 29-306-2020相应基价。

二、仪表支吊架依据其名称、类型按设计图示数量计算。

三、仪表附件依据其名称、类型按设计图示数量计算。

四、仪表立柱基价中每根按1.5m考虑,材料费按实计算。

五、双杆吊架、冲孔板、槽、电缆穿墙密封架均按成品件考虑,双杆吊架如单杆安装,基价乘以系数0.50。

六、冲孔板、槽是电缆或管路的固定件;电缆穿墙密封架安装不分大小,其制作应参照本基价第二册《电气设备安装工程》DBD 29-302-2020中一般铁构件制作基价子目。

七、辅助容器、水封、排污漏斗制作安装按设计图示数量计算。

八、气源分配器按供气点12点计算。

九、防雨罩制作、安装按设计图示质量计算,包括附件安装的质量。

十、取源部件配合安装,温度计套管安装,压力表弯和均压环制作、安装按设计图示数量计算。

一、仪表阀门安装与研磨

编　号			10-700	10-701	10-702	10-703	10-704	10-705	10-706	10-707	10-708	10-709
项　目			焊接式阀门 DN50以内		法兰式阀门 DN50以内	取压球阀 DN32以内		卡套式阀门	外螺纹阀门		内螺纹阀门	
			碳钢	不锈钢		碳钢	不锈钢		碳钢	不锈钢	碳钢	不锈钢
预算基价	总　　价(元)		**65.67**	**80.35**	**37.64**	**35.65**	**41.76**	**23.13**	**47.67**	**66.63**	**38.43**	**49.30**
	人　工　费(元)		60.75	72.90	28.35	33.75	37.80	22.95	41.85	62.10	35.10	45.90
	材　料　费(元)		0.99	2.46	9.11	0.97	1.86	0.18	2.58	2.37	1.59	1.24
	机　械　费(元)		3.93	4.99	0.18	0.93	2.10	—	3.24	2.16	1.74	2.16
组成内容		单位	单价					数　量				
人工	综合工	工日	135.00	0.45	0.54	0.21	0.25	0.28	0.17	0.31	0.46	0.26	0.34

组成内容		单位	单价	数量									
材料	阀门	个	—	(1)	(1)	(1)	(1)	(1)	(1)	(1)	(1)	(1)	(1)
	仪表接头	套	—	—	—	—	(1)	(1)	(2)	(2)	(2)	(2)	(2)
	电焊条 E4303 D3.2	kg	7.59	0.04	—	—	—	—	—	—	—	—	—
	汽油 60#～70#	kg	6.67	0.05	—	0.05	0.05	—	0.02	0.05	—	0.05	—
	棉纱	kg	16.11	0.02	—	0.02	0.02	—	—	0.05	—	0.05	—
	不锈钢氩弧焊丝 1Cr18Ni9Ti	kg	57.40	—	0.02	—	—	0.01	—	—	0.01	—	0.01
	氩气	m³	18.60	—	0.06	—	—	0.06	—	—	0.03	—	0.03
	钍钨棒	kg	640.87	—	0.00012	—	—	0.00012	—	—	0.00005	—	0.00005
	细白布	m	3.57	—	0.01	—	—	0.01	0.01	—	0.01	—	0.01
	精制螺栓 M(6～8)×(20～70)	套	0.50	—	—	8	—	—	—	—	—	—	—
	石棉橡胶板 中压 δ0.8～6.0	kg	20.02	—	—	0.2	—	—	—	—	—	—	—
	气焊条 D<2	kg	7.96	—	—	—	0.01	—	—	0.01	—	0.01	—
	氧气	m³	2.88	—	—	—	0.02	—	—	0.02	—	0.02	—
	乙炔气	kg	14.66	—	—	—	0.01	—	—	0.01	—	0.01	—
	垫片	个	0.55	—	—	—	—	—	—	2	2	—	—
	聚四氟乙烯生料带 δ20	m	1.15	—	—	—	—	—	—	—	—	0.1	—
	零星材料费	元	—	0.03	0.08	0.45	0.03	0.06	0.01	0.06	0.07	0.05	0.04
机械	试压泵 3MPa	台班	18.08	0.01	0.01	0.01	0.01	0.01	—	—	—	—	—
	直流弧焊机 20kW	台班	75.06	0.05	—	—	0.01	—	—	0.04	—	0.02	—
	氩弧焊机 500A	台班	96.11	—	0.05	—	—	0.02	—	—	0.02	—	0.02
	试压泵 35MPa	台班	23.77	—	—	—	—	—	—	0.01	0.01	0.01	0.01

编　号		10-710	10-711	10-712	10-713	10-714
项　目		气源球阀	三阀组、五阀组		高压角阀DN6	表用阀门研磨
			碳钢	不锈钢		
预算基价	总　价(元)	**16.72**	**68.30**	**78.42**	**47.87**	**39.54**
	人　工　费(元)	16.20	62.10	71.55	47.25	32.40
	材　料　费(元)	0.13	2.45	2.06	0.38	6.54
	机　械　费(元)	0.39	3.75	4.81	0.24	0.60

组　成　内　容	单位	单价	数　　量				
人工 综合工	工日	135.00	0.12	0.46	0.53	0.35	0.24
阀门	个	—	(1)	(1)	(1)	(1)	—
仪表接头	套	—	(2)	(5)	(5)	—	—
高压管件	套	—	—	—	—	(2)	—
高压螺栓	套	—	—	—	—	(4)	—
透镜垫	套	—	—	—	—	(2)	—
聚四氟乙烯生料带 δ20	m	1.15	0.1	—	—	—	—
棉纱	kg	16.11	—	0.05	—	—	0.10
汽油 60#～70#	kg	6.67	—	0.05	—	0.05	0.10
氧气	m³	2.88	—	0.06	—	—	—
乙炔气	kg	14.66	—	0.04	—	—	—
气焊条 D<2	kg	7.96	—	0.06	—	—	—
细白布	m	3.57	—	—	0.01	0.01	—
不锈钢氩弧焊丝 1Cr18Ni9Ti	kg	57.40	—	—	0.02	—	—
钍钨棒	kg	640.87	—	—	0.00010	—	—
氩气	m³	18.60	—	—	0.04	—	—
石棉盘根 D6～10	kg	19.28	—	—	—	—	0.1
凡尔砂	kg	10.28	—	—	—	—	0.2
零星材料费	元	—	0.01	0.07	0.07	0.01	0.28
电动空气压缩机 0.6m³	台班	38.51	0.01	—	—	—	—
直流弧焊机 20kW	台班	75.06	—	0.05	—	—	—
氩弧焊机 500A	台班	96.11	—	—	0.05	—	—
试压泵 3MPa	台班	18.08	—	—	—	—	0.02
试压泵 35MPa	台班	23.77	—	—	—	0.01	0.01

二、仪表支、吊架安装

编 号				10-715	10-716	10-717	10-718
项 目				双杆吊架安装 （对）	电缆穿墙密封架安装 （个）	冲孔板/槽安装 （m）	仪表立柱制作、安装 （100根）
预算基价		总　　价(元)		**102.52**	**414.34**	**38.74**	**1262.58**
		人　工　费(元)		97.20	407.70	33.75	1174.50
		材　料　费(元)		2.62	3.64	1.99	78.57
		机　械　费(元)		2.70	3.00	3.00	9.51
组 成 内 容		单位	单价	数　　　　量			
人工	综合工	工日	135.00	0.72	3.02	0.25	8.70
材料	膨胀螺栓 M10	套	1.53	1.02	—	—	30.00
	精制螺栓 M10×（20～50）	套	0.67	—	2	2	—
	电	kW·h	0.73	0.24	0.20	0.20	4.00
	电焊条 E4303 D3.2	kg	7.59	0.074	0.150	0.013	0.500
	棉纱	kg	16.11	0.01	0.05	0.02	0.20
	冲击钻头 D12	个	8.00	0.004	0.010	—	0.020
	酚醛防锈漆	kg	17.27	—	—	—	1
	氧气	m³	2.88	—	—	—	0.08
	乙炔气	kg	14.66	—	—	—	0.04
	砂轮片 D400	片	19.56	—	—	—	0.02
	砂轮片 D100	片	3.83	—	—	—	0.02
	零星材料费	元	—	0.13	0.13	0.08	4.02
机械	直流弧焊机 20kW	台班	75.06	0.036	0.040	0.040	0.100
	台式砂轮机 D100	台班	19.99	—	—	—	0.1

159

三、辅助容器,附件制作、安装

编 号	10-719	10-720	10-721	10-722	10-723	10-724	10-725
项 目	辅助容器		气源分配器(供气12点)		水封制作、安装	排污漏斗制作、安装	防雨罩制作、安装
	制作(个)	安装(个)	制作(个)	安装(个)	(个)	(个)	(100kg)

预算基价				总　　　价(元)	**370.20**	**83.24**	**330.78**	**169.93**	**357.18**	**91.96**	**1303.26**
				人　工　费(元)	341.55	74.25	295.65	129.60	314.55	76.95	1156.95
				材　料　费(元)	13.08	8.99	16.27	39.94	27.62	11.26	101.27
				机　械　费(元)	15.57	—	18.86	0.39	15.01	3.75	45.04

	组 成 内 容	单位	单价	数　　量						
人工	综合工	工日	135.00	2.53	0.55	2.19	0.96	2.33	0.57	8.57
材料	仪表接头	套	—	—	—	(3)	(12)	—	—	—
	管材	m	—	—	—	—	(1)	—	—	—
	普通钢板 δ1.0～1.5	t	—	—	—	—	—	—	—	(0.104)
	酚醛防锈漆	kg	17.27	0.2	—	0.2	—	0.2	0.3	1.0
	酚醛调和漆	kg	10.67	0.20	—	0.20	—	0.20	0.15	1.00
	电	kW·h	0.73	2.0	0.5	4.0	1.0	3.0	0.6	5.0
	尼龙砂轮片 D100×16×3	片	3.92	0.01	—	0.02	—	0.02	0.01	0.03
	尼龙砂轮片 D400	片	15.64	0.05	—	0.02	—	0.05	0.05	0.10
	铁砂布 0#～2#	张	1.15	1.0	—	1.0	—	2.0	0.3	3.0
	电焊条 E4303 D3.2	kg	7.59	0.20	—	0.10	—	0.30	0.07	1.40
	氧气	m³	2.88	0.03	0.02	0.02	—	—	0.02	0.50
	乙炔气	kg	14.66	0.015	0.010	0.010	—	—	0.010	0.250
	气焊条 D<2	kg	7.96	0.015	0.010	0.010	—	—	0.010	0.400
	汽油 60#～70#	kg	6.67	0.10	0.05	0.40	2.10	—	0.10	0.35
	棉纱	kg	16.11	0.05	0.05	0.10	0.05	0.30	0.05	1.00
	钻头 D6～13	个	6.78	0.01	—	0.04	—	0.02	0.01	1.00
	聚四氟乙烯生料带 δ20	m	1.15	—	0.6	—	1.0	—	—	—
	冲击钻头 D12	个	8.00	—	0.01	—	0.01	0.01	—	0.10
	U形螺栓 D108×M10	套	6.08	—	1	—	1	—	—	—
	精制螺栓 M(6～8)×(20～70)	套	0.50	—	—	—	8	4	—	18
	膨胀螺栓 M10	套	1.53	—	—	—	—	4	—	4
	位号牌	个	0.99	—	—	—	12	—	—	—
	零星材料费	元	—	0.58	0.35	0.63	1.21	1.24	0.52	4.49
机械	试压泵 3MPa	台班	18.08	0.02	—	—	—	—	—	—
	电动空气压缩机 0.6m³	台班	38.51	0.20	—	0.10	0.01	—	—	—
	直流弧焊机 20kW	台班	75.06	0.10	—	0.20	—	0.20	0.05	0.60

四、取源部件安装

编 号			10-726	10-727	10-728	10-729	10-730	10-731	10-732	10-733
项 目			取源部件配合安装（个）	温度计套管安装		压力表弯制作		压力表弯安装（10套）	均压环制作、安装	
				碳钢（个）	不锈钢（个）	碳钢（10个）	不锈钢（10个）		方形（套）	圆形（套）
预算基价	总　　价（元）		**24.18**	**44.26**	**61.00**	**190.75**	**235.16**	**65.77**	**1048.49**	**1346.91**
	人　工　费（元）		22.95	39.15	49.95	174.15	211.95	63.45	1028.70	1331.10
	材　料　费（元）		1.23	2.13	6.48	14.79	19.48	2.32	17.98	14.00
	机　械　费（元）		—	2.98	4.57	1.81	3.73	—	1.81	1.81
组 成 内 容	单位	单价	数　　量							
人工	综合工	工日	135.00	0.17	0.29	0.37	1.29	1.57	0.47	7.62	9.86
材料	温度计套管	个	—	—	(1)	(1)	—	—	—	—	—
	仪表接头	套	—	—	—	—	(20)	(20)	—	—	—
	无缝钢管 冷拔	m	—	—	—	—	(7.0)	—	—	(1.6)	(1.6)
	不锈钢管	m	—	—	—	—	—	(7)	—	—	—
	压力表表弯	个	—	—	—	—	—	—	(10)	—	—
	焊接钢管	m	—	—	—	—	—	—	—	(12.40)	(10.35)
	管件	套	—	—	—	—	—	—	—	(18)	(16)
	镀锌锁紧螺母 SC20×3	个	—	—	—	—	—	—	—	(10)	(8)
	丝堵 DN20	个	—	—	—	—	—	—	—	(16)	(10)
	棉纱	kg	16.11	0.05	0.05	—	0.10	—	0.05	—	—
	汽油 60#～70#	kg	6.67	0.06	0.10	0.10	0.10	—	0.05	0.50	0.50
	电焊条 E4303 D3.2	kg	7.59	—	0.08	—	—	—	—	—	—
	细白布	m	3.57	—	—	0.05	—	0.07	—	—	—

续前

编　号			10-726	10-727	10-728	10-729	10-730	10-731	10-732	10-733
项　目			取源部件配合安装（个）	温度计套管安装		压力表弯制作		压力表弯安装	均压环制作、安装	
				碳钢（个）	不锈钢（个）	碳钢（10个）	不锈钢（10个）	（10套）	方形（套）	圆形（套）
组 成 内 容	单位	单价	数　量							
材料 不锈钢氩弧焊丝 1Cr18Ni9Ti	kg	57.40	—	—	0.05	—	0.14	—	—	—
氩气	m³	18.60	—	—	0.13	—	0.50	—	—	—
钍钨棒	kg	640.87	—	—	0.00022	—	0.00010	—	—	—
酚醛防锈漆	kg	17.27	—	—	—	0.25	—	—	0.25	0.25
酚醛调和漆	kg	10.67	—	—	—	0.15	—	0.10	0.15	0.15
电	kW·h	0.73	—	—	—	0.25	0.50	—	2.00	1.00
铁砂布 0#～2#	张	1.15	—	—	—	0.50	0.50	—	1.25	1.50
尼龙砂轮片 D400	片	15.64	—	—	—	0.01	0.01	—	0.02	0.02
气焊条 D<2	kg	7.96	—	—	—	0.10	—	—	0.05	—
氧气	m³	2.88	—	—	—	0.5	—	—	0.1	—
乙炔气	kg	14.66	—	—	—	0.19	—	—	0.04	—
料 锯条	根	0.42	—	—	—	0.1	0.2	—	2.0	1.0
厚漆	kg	12.41	—	—	—	—	—	—	0.10	0.05
机油	kg	7.21	—	—	—	—	—	—	0.20	0.05
零星材料费	元	—	0.02	0.05	0.21	0.62	0.65	0.11	0.72	0.58
机 直流弧焊机 20kW	台班	75.06	—	0.03	—	—	—	—	—	—
试压泵 3MPa	台班	18.08	—	0.04	0.04	0.10	0.10	—	0.10	0.10
械 氩弧焊机 500A	台班	96.11	—	—	0.04	—	0.02	—	—	—

附　　录

附录一 材料价格

说 明

一、本附录材料价格为不含税价格,是确定预算基价子目中材料费的基期价格。

二、材料价格由材料采购价、运杂费、运输损耗费和采购及保管费组成。计算公式如下:

采购价为供货地点交货价格:

$$材料价格 = (采购价 + 运杂费) \times (1 + 运输损耗率) \times (1 + 采购及保管费费率)$$

采购价为施工现场交货价格:

$$材料价格 = 采购价 \times (1 + 采购及保管费费率)$$

三、运杂费指材料由供货地点运至工地仓库(或现场指定堆放地点)所发生的全部费用。运输损耗指材料在运输装卸过程中不可避免的损耗,材料损耗率如下表:

材料损耗率表

材料类别	损耗率
页岩标砖、空心砖、砂、水泥、陶粒、耐火土、水泥地面砖、白瓷砖、卫生洁具、玻璃灯罩	1.0%
机制瓦、脊瓦、水泥瓦	3.0%
石棉瓦、石子、黄土、耐火砖、玻璃、色石子、大理石板、水磨石板、混凝土管、缸瓦管	0.5%
砌块、白灰	1.5%

注:表中未列的材料类别,不计损耗。

四、采购及保管费是指为组织采购、供应和保管材料、工程设备的过程中所需要的各项费用。采购及保管费费率按0.42%计取。

五、附录中材料价格是编制期天津市建筑材料市场综合取定的施工现场交货价格,并考虑了采购及保管费。

六、采用简易计税方法计取增值税时,材料的含税价格按照税务部门有关规定计算,以"元"为单位的材料费按系数1.1086调整。

材料价格表

序号	材料名称	规格	单位	单价（元）
1	镀锌钢丝	$D1.2\sim2.2$	kg	7.13
2	镀锌钢丝	$D2.8\sim4.0$	kg	6.91
3	垫铁	—	kg	8.61
4	电焊条	E4303 $D3.2$	kg	7.59
5	气焊条	$D<2$	kg	7.96
6	塑料焊条	—	kg	13.07
7	铜气焊丝	—	kg	46.03
8	铜氩弧焊丝	—	kg	63.63
9	碳钢氩弧焊丝	—	kg	11.10
10	合金钢氩弧焊丝	—	kg	16.53
11	不锈钢氩弧焊丝	1Cr18Ni9Ti	kg	57.40
12	松香焊锡丝	$D2$	m	4.13
13	铝合金焊丝	丝301 $D1\sim6$	kg	48.24
14	木螺钉	$L=40$	个	0.43
15	U形螺栓	M10	套	2.29
16	U形螺栓	$D108\times M10$	套	6.08
17	精制螺栓	$M(6\sim8)\times(20\sim70)$	套	0.50
18	精制螺栓	$M10\times(20\sim50)$	套	0.67
19	精制螺栓	$M12\times(20\sim100)$	套	1.19
20	半圆头镀锌螺栓	$M(2\sim5)\times(15\sim50)$	套	0.24
21	半圆头带帽铜螺栓	$M4\times10$	套	3.57
22	平头螺栓	$M4\times15$	套	0.24
23	精制六角螺栓	$M16\times(65\sim80)$	套	1.02
24	精制六角螺栓	$M20\times60$	套	1.97

序号	材 料 名 称	规 格	单 位	单 价 （元）
25	精制六角带帽螺栓	M14×75	套	1.15
26	膨胀螺栓	M10	套	1.53
27	塑料膨胀螺栓	—	个	0.29
28	垫片	—	个	0.55
29	螺栓绝缘外套	—	个	0.24
30	钻头	$D6\sim13$	个	6.78
31	冲击钻头	$D12$	个	8.00
32	锯条	—	根	0.42
33	钢精扎头	$1^{\#}\sim5^{\#}$	包	1.93
34	酚醛调和漆	各种颜色	kg	10.67
35	厚漆	—	kg	12.41
36	酚醛防锈漆	各种颜色	kg	17.27
37	氧气	—	m^3	2.88
38	乙炔气	—	kg	14.66
39	氩气	—	m^3	18.60
40	凡尔砂	—	kg	10.28
41	环氧树脂	各种规格	kg	28.33
42	四氯化碳	—	kg	9.28
43	硼砂	—	kg	4.46
44	乙醇	—	kg	9.69
45	汽油	$60^{\#}\sim70^{\#}$	kg	6.67
46	溶剂汽油	$200^{\#}$	kg	6.90
47	机油	—	kg	7.21
48	麻绳	$D12$	m	0.93

序号	材 料 名 称	规 格	单 位	单 价 （元）
49	砂纸	—	张	0.87
50	铁砂布	$0^{\#}\sim2^{\#}$	张	1.15
51	细白布	—	m	3.57
52	棉纱	—	kg	16.11
53	真丝绸布	0.9m宽	m	19.67
54	医用胶管	—	m	4.04
55	医用输血胶管	$D8$	m	4.40
56	软橡胶板	—	m²	23.19
57	塑料布	—	m²	1.96
58	塑料胶带	—	m	2.02
59	钍钨棒	—	kg	640.87
60	电	—	kW•h	0.73
61	砂轮片	$D100$	片	3.83
62	砂轮片	$D400$	片	19.56
63	尼龙砂轮片	$D100\times16\times3$	片	3.92
64	尼龙砂轮片	$D400$	片	15.64
65	钢纸	$\delta0.5$	kg	4.96
66	标签纸	（综合）	m	11.76
67	清洁剂	—	kg	4.70
68	石棉盘根	$D6\sim10$	kg	19.28
69	石棉编绳	$D6\sim10$ 烧失量 24%	kg	19.22
70	石棉橡胶板	低压 $\delta0.8\sim6.0$	kg	19.35
71	石棉橡胶板	中压 $\delta0.8\sim6.0$	kg	20.02
72	石棉橡胶板	$\delta3$	kg	15.68

序号	材 料 名 称	规 格	单 位	单 价 (元)
73	塑料卡子	—	个	1.90
74	聚四氟乙烯生料带	$\delta 20$	m	1.15
75	接地线	$5.5 \sim 16 \text{mm}^2$	m	5.16
76	接地母线	—	m	13.16
77	胶质软线	1.5mm^2	m	1.44
78	绝缘导线	BV1.5	m	1.05
79	线号套管	(综合)	m	1.12
80	绝缘胶布	—	卷	4.05
81	木台	$200 \times 80 \times 20$	个	2.61
82	铜接线端子	—	个	7.01
83	镀锌管卡子	$D(12 \sim 40) \times 1.5$	个	0.63
84	镀锌管卡子	15（电线管用）	个	0.81
85	镀锌管卡子	20（电线管用）	个	0.87
86	镀锌管卡子	32（电线管用）	个	1.20
87	镀锌管卡子	50（电线管用）	个	2.04
88	镀锌管卡子	15（钢管用）	个	1.58
89	镀锌管卡子	20（钢管用）	个	1.70
90	镀锌管卡子	32（钢管用）	个	2.04
91	镀锌管卡子	50（钢管用）	个	2.97
92	尼龙扎带	(综合)	根	0.49
93	塑料线夹	$D15$	个	0.76
94	位号牌	—	个	0.99
95	警告牌	—	个	2.27
96	电缆卡子	(综合)	个	0.39

附录二　施工机械台班价格

说　明

一、本附录机械不含税价格是确定预算基价中机械费的基期价格,也可作为确定施工机械台班租赁价格的参考。

二、台班单价按每台班8小时工作制计算。

三、台班单价由折旧费、检修费、维护费、安拆费及场外运费、人工费、燃料动力费和其他费组成。

四、安拆费及场外运费根据施工机械不同分为计入台班单价、单独计算和不计算三种类型。

1.工地间移动较为频繁的小型机械及部分中型机械,其安拆费及场外运费计入台班单价。

2.移动有一定难度的特、大型(包括少数中型)机械,其安拆费及场外运费单独计算。单独计算的安拆费及场外运费除应计算安拆费、场外运费外,还应计算辅助设施(包括基础、底座、固定锚桩、行走轨道枕木等)的折旧、搭设和拆除等费用。

3.不需安装、拆卸且自身能开行的机械和固定在车间不需安装、拆卸及运输的机械,其安拆费及场外运费不计算。

五、采用简易计税方法计取增值税时,机械台班价格应为含税价格,以"元"为单位的机械台班费按系数1.0902调整。

施工机械台班价格表

序号	机 械 名 称	规 格 型 号	台班不含税单价（元）	台班含税单价（元）
1	汽车式起重机	8t	767.15	816.68
2	汽车式起重机	16t	971.12	1043.79
3	叉式起重机	3t	484.07	517.65
4	载货汽车	2.5t	347.63	370.18
5	载货汽车	4t	417.41	447.36
6	载货汽车	8t	521.59	561.99
7	普通车床	400×1000	205.13	208.94
8	摇臂钻床	D25	8.81	9.91
9	管子切断机	D150	33.97	37.00
10	管子切断套丝机	D159	21.98	23.95
11	液压弯管机	D60	48.95	54.22
12	台式砂轮机	D100	19.99	21.79
13	台式砂轮机	D250	19.99	21.79
14	试压泵	3MPa	18.08	19.56
15	试压泵	35MPa	23.77	25.99
16	氩弧焊机	500A	96.11	105.49
17	直流弧焊机	20kW	75.06	83.12
18	电动空气压缩机	$0.6m^3/min$	38.51	41.30